华为HCIA路由与交换技术实战

江礼教 编著

清华大学出版社

北京

内 容 简 介

华为认证网络工程师(HCIA-R&S)课程是华为网络技术认证的入门课程。本书系统讲述华为网络技术的核心知识,并对大部分知识点做了补充细化及全面梳理,知识结构系统,初学者容易理解和记忆。

本书共 11 章,分为两篇,入门篇(第 1~5 章)围绕 TCP/IP 展开介绍,先详细讲解每一层协议栈的工作背景、工作原理、协议格式,然后介绍工作于不同协议层设备的工作原理和相关协议;进阶篇(第 6~11 章)详细讲述网络中经常用到的相关协议,包括提升网络性能、多样性的网络互联协议、网络安全、VPN 技术、网络管理等,同时还介绍了几个网络发展新技术,例如 IPv6、SR。本书知识结构系统、逻辑清晰、配图丰富,有详细的命令和实验指导,容易理解和记忆。

本书面向华为网络技术的初学者,对于有一定经验的网络技术从业人员,本书也极具参考价值。

图书在版编目(CIP)数据

华为 HCIA 路由与交换技术实战/江礼教编著. —北京:清华大学出版社,2021.1(2023.8 重印)
ISBN 978-7-302-56705-9

Ⅰ. ①华… Ⅱ. ①江… Ⅲ. ①计算机网络-路由选择 Ⅳ. ①TN915.05

中国版本图书馆 CIP 数据核字(2020)第 203009 号

责任编辑:赵佳霓
封面设计:刘艳芝
责任校对:徐俊伟
责任印制:丛怀宇

出版发行:清华大学出版社
   网 址:http://www.tup.com.cn,http://www.wqbook.com
   地 址:北京清华大学学研大厦 A 座   邮 编:100084
   社 总 机:010-83470000   邮 购:010-62786544
   投稿与读者服务:010-62776969,c-service@tup.tsinghua.edu.cn
   质量反馈:010-62772015,zhiliang@tup.tsinghua.edu.cn
   课件下载:http://www.tup.com.cn,010-83470236

印 装 者:大厂回族自治县彩虹印刷有限公司
经 销:全国新华书店
开 本:186mm×240mm 印 张:16.25   字 数:375 千字
版 次:2021 年 2 月第 1 版   印 次:2023 年 8 月第 7 次印刷
印 数:10701~12700
定 价:69.00 元

产品编号:087585-01

前言
PREFACE

网络化是社会发展趋势,各个领域与网络的结合越来越密切,无论是在工作中还是在生活中,网络无处不在。因为需要大量的网络技术人员来建设和维护网络,网络化的同时,也为社会提供了很多就业岗位。

近年来学习网络技术的人员越来越多,初期主要是学习思科认证,因为当时的网络建设主流设备是思科设备。但是随着华为的不断发展壮大,思科设备慢慢退出中国市场,华为设备成为市场新的主流。相应的网络技术学习主流也转移到华为认证,如 HCIA、HCIP、HCIE。

所谓万事开头难,初学者学习 HCIA 有不小难度,其原因主要有 3 个:

1. 初学者缺少实际工作经验,如果不了解实际应用背景,那么学习协议的时候会有只知其一不知其二的感觉,很难融会贯通;

2. 内容本身比较抽象,如 IP 编址、STP、OSPF 等内容;

3. 没有找到合适的学习资料,网络上的学习资料很多,但并不是每份资料都适合学习,如果没有找到合适的资料,会越学越迷惑。

由于以上 3 个原因,初学者自学 HCIA 会感觉非常困难。笔者常遇到周边同事有类似经历,他们因为工作的需要,自学 HCIA 路由交换,自己摸索了很久,看了各种资料,还是处于似懂非懂的状态,与笔者探讨后问题豁然明了。为了能帮助更多初学者少走弯路,笔者就有了写一本书的想法,让初学者也能看得懂,学得明白。

本书聚集作者在华为多年的教学经验,并结合以往实际项目经验写作完成,知识内容千锤百炼,在华为官方 HCIA 路由交换课程的基础上进行了大量的优化,将一些知识点进行了补充和细化,添加了相关配图,并对整个课程的思路进行了梳理,使之更加连贯清晰,容易理解。

本书共 11 章,分为两篇,分别是入门篇(第 1~5 章)和进阶篇(第 6~11 章)。第 1 章讲解 TCP/IP,详细介绍每一层协议报文的结构,以及每一个字段的含义。第 2 章介绍如何做实验,包括怎样使用模拟器以及华为命令系统。第 3 章介绍交换机的工作原理。第 4 章深入讲解路由器的工作原理。第 5 章介绍搭建网络的应用服务,包括 DHCP、FTP 和 Telnet 协议原理与配置。第 6 章讲解如何提高网络效率,例如如何提高带宽,提高网络安全性等。第 7 章介绍以太网之外其他常用的链路层协议。第 8 章讲解网络安全相关的协议,以及企业分支之间互联的 VPN 技术。第 9 章介绍网络设备和 NMS 之间使用的协议及华为网络设备管理服务器 eSight。第 10 章介绍 IPv6 的基础知识。第 11 章介绍 HCIA 2.5 版本新增的两个内容,MPLS 技术和 SR 技术。

　　本书的知识点比较多,而且某些知识点有一定的难度,建议对掌握不清晰的知识点多看几遍,多做实验,搞明白、学透彻。特别是 TCP/IP 的知识,既是基础又是核心知识,掌握扎实之后,学习后面的内容会变得很简单。

　　《华为 HCIA 路由与交换技术实战》全文由江礼教编写完成,叶秀琪副教授对本书提供了很多思路和建议,清华大学出版社的赵佳霓编辑为本书的写作提出了许多宝贵的建议,并为本书的出版付出了辛苦的劳动,在此对他们表示诚挚的谢意。

　　由于作者水平有限,不足之处在所难免,欢迎读者提出宝贵意见。

　　希望本书在您学习网络知识的路上有所帮助,最后祝您早日步入知识的殿堂!

江礼教

2020 年 7 月

目 录
CONTENTS

入 门 篇

进 阶 篇

入 门 篇

第1章

TCP/IP 详解

1.1　HCIA-R&S 课程内容结构介绍

视频讲解

　　HCIA-R&S 是零基础入门的华为网络技术学习课程,课程内容主要讲解网络基础知识。按照华为官方的课程内容安排,共有 37 个章节,分为 11 个模块,如图 1.1 所示,每个模块讲解不同主题的内容。在学习具体内容之前先了解一下各个章节之间的逻辑关系,有助于在学习的时候搭建知识体系。知识形成体系之后才能融会贯通,并且不容易忘记。

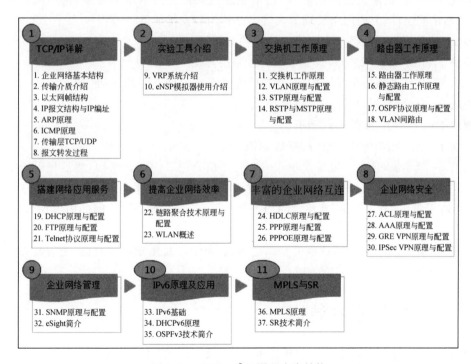

图 1.1　HCIA-R&S 课程内容结构

　　模块 1～5 是入门的基础知识,围绕 TCP/IP 展开讲解,具体内容安排如下:

　　模块 1:讲解 TCP/IP,详细介绍每一层协议报文的结构,以及每一个字段的含义。根据经验,只要是讲解协议类的书籍,都非常枯燥乏味。所以这本书不仅讲解协议字段的含义,更多的是介绍协议的背景,为什么要用这个协议,以及为什么要设置这些协议字段,学起来更加具体细化,容易理解和记忆。

　　模块 2:介绍如何做实验,包括怎么用模拟器,怎么使用华为命令系统,因为在后面的章节里面,将需要使用模拟器做实验。

　　模块 3:模块 1 首先介绍 TCP/IP 格式,然后对工作在各个协议层的相关协议展开讲解。TCP/IP 总共分为 5 层,由下往上分别是物理层、链路层、网络层、传输层、应用层,其中物理层都是一些硬件标准,例如网卡,平时工作的时候也不会做太多配置,这里不做详细介绍。物理层上面是链路层,因此模块 3 介绍工作在链路层的相关协议。

　　模块 4:介绍工作在网络层的相关协议。

　　模块 5:网络层上面是传输层,常用的传输层协议是 TCP 和 UDP,这两个内容在模块 1 已经详细介绍了,因此模块 5 直接跳过传输层,介绍应用层常用的几个协议。

　　模块 1～5 是入门基础知识,非常重要,也是 HCIA-R&S 这门课程的核心内容,将这部分内容掌握熟练,融会贯通之后,后面内容学起来将会非常简单,包括 HCIP 和 HCIE。

　　模块 6～10 是进阶提高的内容,讲解的主题是如何提高网络的效率,例如如何提高带宽、提高网络安全性、方便网络管理等内容。具体内容安排如下:

　　模块 6:介绍提高网络带宽和稳定性相关的协议。

　　模块 7:介绍以太网之外,其他常用的链路层协议。

　　模块 8:介绍网络安全相关的协议,以及企业分支之间互联的 VPN 技术。

　　模块 9:介绍网络管理常用的协议。

　　模块 10:介绍 IPv6 的基础知识。

　　模块 11:介绍 MPLS 与 SR 的基础知识。

　　总共 11 个模块,核心内容是模块 1～5,先逐层介绍 TCP/IP 结构,然后展开介绍工作于各个层的相关协议。把模块 1～5 学透就可以搭建起一个系统性的知识结构了。模块 6～11 相对于模块 1～5 来说,互相之间的关系没那么紧凑,各个模块间的内容比较独立,但都是日常工作经常用到的。

　　先了解 HCIA-R&S 这门课程的知识结构,后面学习具体知识的时候,更容易搭建起知识框架,这个对初学者来说非常关键。

1.2　企业网络基本结构

　　HCIA-R&S 这门课程讲解的网络技术主要针对企业网络,因此首先来看一下企业网络的大致结构,先有一个总体的认识,再学习各个细节内容。

　　企业网络是指某个组织或机构的网络互联系统,该互联系统主要用于共享打印机、文件服务器、员工互相通信等。

1.2.1 企业内部网络互联

企业网络架构很大程度上取决于企业或机构的业务需求。小型企业通常只有一个办公地点,一般采用扁平网络架构进行组网,如图 1.2 左边部分所示。这种扁平网络能够满足用户对资源访问的需求,并具有较强的灵活性,同时又能大大减少部署和维护成本。

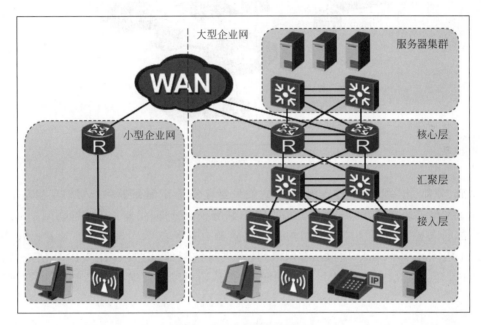

图 1.2 企业内部网络结构

小型企业网络的缺点是缺少冗余机制,可靠性不高,容易发生业务中断。任何一个设备、链路、接口故障都可能导致网络瘫痪。

大型企业网络对业务的连续性要求很高,所以通常会通过网络冗余备份保证网络的可用性和稳定性,从而保障企业的日常业务运营。另外,大型网络设备较多,网络复杂,需要进行区域化设计,并做流量控制,如图 1.2 右边部分所示。

大型网络主要有以下特点:
① 设备冗余、链路冗余,提高稳定性;
② 网络分层,一般有核心层、汇聚层、接入层,方便流量控制和网络扩展;
③ 网络区域化,例如员工区、访客区、服务器区,方便网络访问策略控制。

大型网络的主要缺点是投入比较大,需要更多设备,而且对设备的性能也有较高要求,需要更多的维护人员确保网络的正常运行和控制。

1.2.2　企业网络远程互联

大型企业的网络跨越了多个物理区域,所以需要使用远程互连技术连接企业总部和分部,从而使得各分支都可以像在总部一样方便地访问各种资源,出差的员工能随时随地接入企业网络实现移动办公,企业的合作伙伴和客户也能访问到企业的资源,如图 1.3 所示。

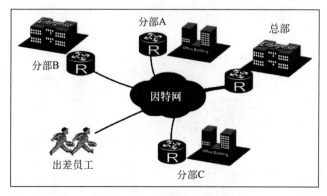

图 1.3　多分支企业网络结构

总部、分部、出差员工都连入因特网,它们只要有公网 IP 地址就可以实现互相通信。

除了网络连通之外,还需要进行访问控制,只有企业分部、出差员工才能访问总部资源,公司外部的人员不能随意访问公司内部网络资源。这是怎么实现的呢? 通常是用 VPN (Virtual Private Network,虚拟私有网络)技术进行控制的,例如 GRE VPN、IPSec VPN、BGP VPN 等。使用 VPN 技术可以控制网络访问,还可以对数据进行加密,防止黑客截取报文。

1.3　网络传输介质

视频讲解

本节开始讲解网络具体知识,首先介绍 TCP/IP,协议栈共分为 5 层,分别是物理层、链路层、网络层、传输层和应用层。讲解的时候按由下往上的顺序,从物理层开始介绍,如图 1.4 所示。

网络就是通过介质把设备互连而成的一个规模大、功能强的系统,从而使得众多的终端可以方便地互相传递信息,共享信息资源。

通信网络除了包含通信设备本身之外,还包含连接这些设备的传输介质,如同轴电缆、双绞线、光纤和 WiFi 等。不同的传输介质具有不同的特性,这些特性将直接影响通信的诸多方面,如线路编码方式、传输速度和传输距离等。

简单网络可以是两台主机连在一起,也可以是主机和交换机、交换机和交换机、交换机和路由器等连接在一起,单独一个主机或者网络设备不叫网络,只有两个以上的主机或设备连在一起才组成网络,如图 1.5 所示。

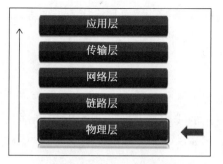

图 1.4　按由下往上的顺序学习协议栈

图 1.5　简单的网络

企业网络里,路由器和交换机这些网络设备之间的互连一般是有线的连接方式,因此在介绍网络传输介质的时候主要介绍有线的传输介质,包括同轴电缆、双绞线、光纤和串口线4种。现在企业里面,主机大部分是通过 WiFi 连入网络的,模块 7 中有一个章节专门介绍 WiFi 的相关内容。

下面分别介绍同轴电缆、双绞线、光纤、串口线这 4 种不同传输介质的特性和应用场景。

1.3.1　同轴电缆

同轴电缆是一种早期使用的传输介质,有两种标准,10BASE2 和 10BASE5。这两种标准都支持 10Mb/s 的传输速率,最长传输距离分别为 185m 和 500m,如图 1.6 所示。

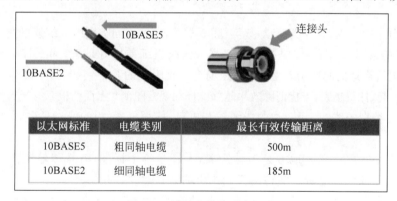

以太网标准	电缆类别	最长有效传输距离
10BASE5	粗同轴电缆	500m
10BASE2	细同轴电缆	185m

图 1.6　同轴电缆的两个标准

这两种标准的主要区别是里面铜芯的粗细不一样,如图 1.6 左上角所示,铜芯粗一点,传输距离就远一点,这个很好理解。同轴电缆的连接头如图 1.6 右上角所示,这种接头现在很少有设备支持。

用同轴电缆组成的网络结构是一个共享介质的以太网,主机间通信要轮流发送数据,不能同时有 2 台主机发送数据,如图 1.7 所示。

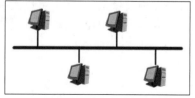

图 1.7　同轴电缆组成的网络结构

同轴电缆是早期使用的传输介质,因为传输速率低、距离短,而且连接不方便等缺点,现在已经淘汰。

1.3.2 以太网双绞线

与同轴电缆相比,双绞线具有更低的制造和部署成本,因此在企业网络中被广泛应用。

一根双绞线里面总共有 4 对线,不同的标准使用的线对不一样,10BASE-T 标准只使用了其中的 2 对,所以传输速率较低,只有 10Mb/s;1000BASE-T 标准使用了 4 对,传输速率可以达到 1000Mb/s,如图 1.8 所示。

以太网标准	线缆类别	最长有效传输距离
10BASE-T	2对3/4/5类双绞线	100m
100BASE-TX	2对5类双绞线	100m
1000BASE-T	4对5e类双绞线	100m

图 1.8 双绞线的不同标准

双绞线分不同类别,有 3 类、4 类、5 类、超 5 类等,这些不同类别的双绞线的主要区别有两个,一是铜线的粗细不一样;二是拧距不一样。铜线粗细差别好理解,那么拧距差别是什么呢?铜线有电流经过的时候会产生磁场,磁场会干扰附近的其他铜线,为了减少干扰,就将 2 根铜线拧在一起,拧得越紧,干扰消除效果越好。仔细观察图 1.8 上面两根双绞线的拧距差别。

相比其他类别的线缆,超 5 类的线缆铜芯更粗,拧距更紧,用的线对最多,因此传输速率最高。

另外有一个需要注意的地方是传输距离,不管是哪个标准,有效传输距离都是 100m,这个是由以太网的载波监听冲突检测机制决定的,与线缆粗细无关。

双绞线还分屏蔽和非屏蔽两种,屏蔽双绞线在双绞线与外层绝缘封套之间有一个金属屏蔽层,可以屏蔽外界电磁干扰,如图 1.9 所示。

使用双绞线组网方便而且灵活,可以将主机和网络设备连在一起,如图 1.10 所示,有网络设备在中间做报文转发,可以大大提高网络转发效率。

与同轴电缆相比,双绞线有以下优点:

① 连接更方便;

② 速率更高;

③ 成本更低;

④ 组网更灵活。

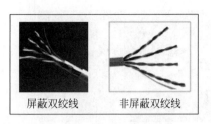

图 1.9　屏蔽和非屏蔽双绞线

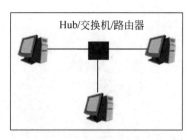

图 1.10　常见的双绞线组网结构

正是因为上面的这些优点,现在绝大多数的主机、服务器、网络设备支持 RJ45(以太网水晶头)接口。

1.3.3　光纤

双绞线和同轴电缆传输数据时使用的是电信号,而光纤传输数据时使用的是光信号。光纤支持的传输速率包括 10Mb/s、100Mb/s、1Gb/s、10Gb/s、40Gb/s,甚至更高。根据光纤传输光信号模式的不同,光纤又可分为单模光纤和多模光纤。单模光纤只能传输一种波长的光,不存在模间色散,因此适用于长距离高速传输;多模光纤允许不同波长的光在一根光纤上传输,由于模间色散较大,因此多模光纤主要用于局域网中的短距离传输,如图 1.11 所示。

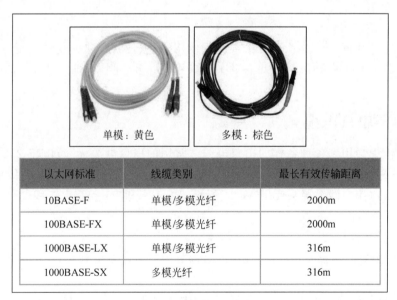

以太网标准	线缆类别	最长有效传输距离
10BASE-F	单模/多模光纤	2000m
100BASE-FX	单模/多模光纤	2000m
1000BASE-LX	单模/多模光纤	316m
1000BASE-SX	多模光纤	316m

图 1.11　光纤的不同标准

光纤的连接头主要有 4 种,包括 ST、FC、SC 和 LC,如图 1.12 所示,其中用得最多的是 SC 和 LC,因为连接更方便。

相比以太网双绞线,光纤有以下优点:

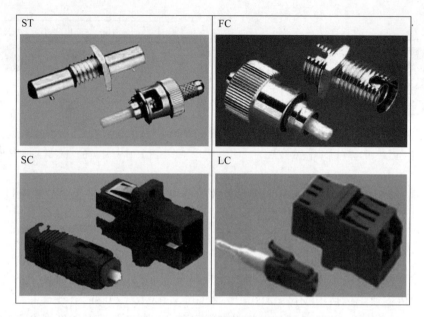

图 1.12　光纤连接头的不同类型

① 传输距离更远;

② 速率更高;

③ 价格更便宜。

在实际应用中,光纤和以太网双绞线搭配使用,根据设备端口的支持情况,以及带宽和距离要求确定使用哪种介质,一般设备的上行口用光纤多一些,下行接终端的口用以太网双绞线多一些。

1.3.4　串口电缆

网络通信中会用到各种各样的串口电缆。常用的串口电缆标准有 RS-232、RS-422 和 RS-485。RS-232 的传输速率有限,传输距离仅为 6m。RS-422 和 RS-485 的传输距离可达 1200m。RS-232 串口线缆接头使用 V.24 标准,RS-422 和 RS-485 串口线缆使用 V.35 标准,如图 1.13 所示。

两种标准的应用场景:

RS-232:主要应用于设备调试,现在绝大部分的网络设备留有 Console 调试口,用的就是这个标准。

RS-422 和 RS-485:因为传输距离较远,帧中继、ATM 等传统网络上还有使用。

最常用的串口电缆是 RS-232,主要用于设备调试,常用于以下两个重要场景:

① 不知道设备 Telnet 管理 IP 地址、账号、密码的情况下,可以用串口电缆连接设备 Console 口登录进去查看或者配置,因为串口登录不用 IP 地址,默认情况下不用账号密码就可以登录;

V.24（RS-232）　　　　　　　　V.35（RS-485）

线缆类别	速率
V.24	1.2～64Kb/s
V.35	1.2Kb～2.048Mb/s

图 1.13　串口电缆的两个标准

② Telnet 必须等设备正常启动之后才能登录，如果设备不能正常启动，这个时候可以用串口线连接设备，打印启动过程中的相关提示。研发人员经常用这个功能定位设备故障原因。

前面介绍了 4 种传输介质，分别是同轴电缆、以太网双绞线、光纤和串口电缆。其中，同轴电缆因为速率低、传输距离短、连接不方便等缺点，已经被淘汰；传输业务数据的常用介质是以太网双绞线和光纤，根据不同的场景选择相应的连接介质；串口电缆一般做设备调试的时候会用到。

1.3.5　物理层数据发送原理

有线的传输介质可以大致分为两种，一种是铜介质，同轴电缆、以太网双绞线、串口电缆都是通过电信号发送数据；另一种是光介质，光纤就是通过特点波长的光信号发送数据的。

下面介绍在有线介质上是如何发送数据的。

在网络上发送的数据，最终都是 0 和 1，如果想发送一个数字 7，那么用二进制表示就是0111，因此在物理网络上只需要告诉对方我发的是 0 还是 1 就可以了。

在铜介质上通过高低电平区分 0 和 1，例如数字 0 用 0V 电压表示，数字 1 用 5V 电压表示，通过电压的变化就可以发送 0 和 1 信息，如图 1.14 所示。

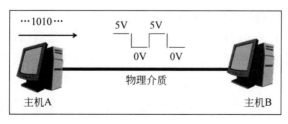

图 1.14　铜介质的信息发送过程

这个例子里面的电平只是一个举例,真实的物理设备都会遵循特定的标准,根据标准制定电平的高低,只要遵循的标准一样,不同厂家生产的设备可以互相发送数据。

铜介质通过高低电平传递数据,光介质的原理也是类似的,通过特定波长的光信号强弱变化传递数据,这里不再重复。

1.3.6　冲突域

以太网发展的早期,主机连在同轴电缆上,处于同一个冲突域,如图1.15所示。

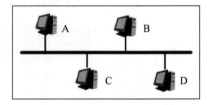

图1.15　处于同一个冲突域的主机

在同一个冲突域里面,如果两台主机同时发送数据就会出现冲突,例如主机A发数据11给主机B,同时主机C发数据10给主机D。因为在铜介质中是通过电压表示0和1的,那么主机A发送11的时候发出两个5V的电信号,5V5V;主机C发送10的时候,发出的电平是5V0V。

电信号在同一个介质上会产生叠加,主机D收到的信号是10V5V,但实际上应该是5V0V,发生了冲突,如图1.16所示。

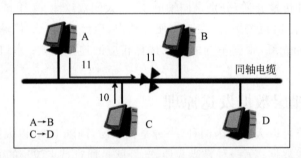

图1.16　数据冲突过程

为了解决冲突问题,引入了载波侦听多路访问/冲突检测技术(Carrier Sense Multiple Access/Collision Detection,CSMA/CD)。

CSMA/CD的基本工作过程如下:

① 主机不停地检测共享线路的状态,如果线路空闲,可以发送数据;如果线路不空闲,则等待一段时间后继续检测(延时时间由退避算法决定);

② 如果碰巧多台主机同时检测到线路空闲,然后同时发送数据,还是会产生冲突;

③ 主机发送数据的时候,同时要监听线路是否出现冲突,就如刚才的例子,主机D收到的信号实际上是10V5V,这个10V就是一个异常信号,主机发现线路异常就马上停止发送数据,并往线路上发送一个很强的信号,以强化冲突信号,使线路上其他站点能够尽早检测到冲突;

④ 终端设备检测到冲突后,等待一段时间之后再重新发送数据。

CSMA/CD 的工作原理可简单总结为先听后发,边发边听,冲突停发,随机延迟后重发。使用 CSMA/CD 技术,共享介质上面可以正常传递数据,但是效率比较低,所有主机共享带宽。

1.3.7　双工模式

主机连到网络的时候,除了发送数据,还要接收数据。连到同轴电缆上时,同一个时刻只能有一个主机发送数据,当前发送数据的主机无法接收数据,这种不能同时发送和接收的工作模式称为半双工模式。

主机通过以太网双绞线连到交换机的情况下,可以同时发送和接收数据,因为双绞线总共有 4 对,主机会将其中的 1～2 对用于发送数据,另外的 1～2 对接收数据,发送和接收不冲突,这种工作模式称为全双工模式,如图 1.17 所示。

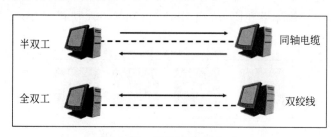

图 1.17　半双工和全双工

1.3.8　小结

网络传输介质一节主要介绍了 4 种有线介质,分别是同轴电缆、以太网双绞线、光纤和串口电缆。详细介绍了各种介质的物理参数,同时还介绍了不同介质的应用场景。

此外还介绍了物理层发送数据的具体过程,以及冲突域的概念,最后还介绍了两种不同的双工模式。

本节的学习重点是理解物理层数据的发送原理,以及冲突域形成过程和解决冲突域的办法。

为了提高学习效率,作者提供讲解视频,见右方二维码。

链接

1.4　以太网帧结构

按 TCP/IP 由下往上的顺序,本节讲解链路层协议相关的内容,如图 1.18 所示。

链路层最常用的协议就是以太网协议,以太网根据 IEEE 802.3 标准管理和控制数据帧。下面讲解以太网数据帧结构及工作原理。

视频讲解

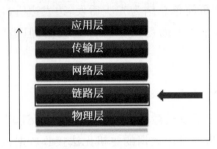

图 1.18　按由下往上的顺序学习协议栈

1.4.1　协议栈发展历史

计算机网络发展早期,各大厂商和标准组织为了在数据通信网络领域占据主导地位,纷纷推出了各自的网络架构体系和协议,如 IBM 公司的 SNA 协议,Novell 公司的 IPX/SPX 协议等,如图 1.19 所示。

图 1.19　链路层的不同协议

同时,各大厂商根据这些协议生产出了不同的硬件和软件。使用不同标准的硬件之间无法互相通信,互相独立,使用不便。后来标准组织制定了 OSI 标准,各个厂家都遵循 OSI 标准就可以互相通信了。OSI 标准共分为 7 层,如图 1.20 所示。

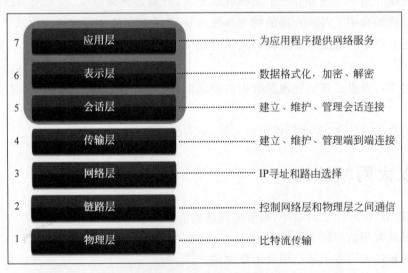

图 1.20　OSI 7 层标准

OSI 标准共 7 层,分别是物理层、链路层、网络层、传输层、会话层、表示层、应用层。每一层的功能是:

物理层:用物理信号发送 0101 比特流。

链路层:定义 MAC 地址等信息,让数据帧可以被送到 2 层网络中的目标主机。

网络层:定义 IP 地址等信息,让数据报文可以被送到世界各个角落的目标主机。

传输层:定义端口号等信息,用来区分同一个主机上不同应用程序的数据,还负责建立、维护、管理端到端连接,例如丢包重传。

会话层:建立、维护、管理会话连接,例如 IE 浏览器可以同时打开多个窗口,每个窗口就是一个会话。

表示层:数据格式化、加密解密,例如 IE 浏览器发送出去的数据包有特定的格式,有时候还会加密,如银行密码等。

应用层:为应用程序提供网络服务,简单说就是将应用程序的通信数据和显示界面衔接起来。发送的时候,收集显示界面的数据并将其封装之后交给下一层处理;接收的时候,将收到的数据显示出来。

OSI 协议栈分为 7 层,最上面 3 层实际上与应用程序紧密相关,与网络相关性不大。后来就将 OSI 精简化,最上面 3 层合为 1 层,统一为应用层。精简后的协议栈就是现在应用最广泛的 TCP/IP,如图 1.21 所示。

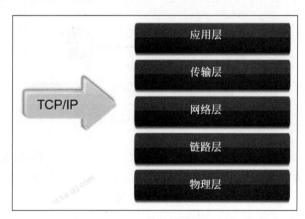

图 1.21　TCP/IP

1.4.2　协议栈数据封装过程

发送数据的时候,按由上往下顺序,逐层添加头部协议数据,接收数据的时候,按由下往上顺序剥掉相应的协议头部,如图 1.22 所示。

发送数据时,传输层给应用层数据添加一个 TCP 或 UDP 头部,网络层在传输层的基础上再添加一个头部,链路层又在网络层基础上再添加一个头部,以及一个用作链路层差错校验的尾部。

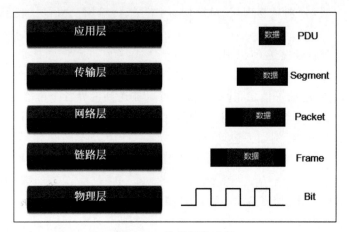

图 1.22　数据封装过程

1.4.3　以太网帧结构

主机从网络中收到的信号,经过物理层处理后,变成 01 字符串,然后送给链路层处理,链路层会将 01 字符串还原成数据帧。下面具体介绍以太网帧结构,如图 1.23 所示。

图 1.23　以太网帧结构

以太网帧结构和其他层的协议有点不同,那就是多了一个尾部,其他层协议只有头部没有尾部,这个尾部也称为帧检查序列(Frame Check Sequence,FCS),主要功能是通过特定的算法判断数据帧在介质传输过程中有没有出错,如果发现出错就重传。

以太网帧头部有两种格式,对应不同的功能,第一种(Ethernet_II)用于封装实际业务数据,如 IP 报文;第二种(IEEE 802.3)用于封装二层协议报文,如 STP 协议报文,如图 1.24 所示。

这两种格式的前两个字段一样,都是目标 MAC(Destination MAC)和源 MAC(Source MAC)。目标 MAC 和源 MAC 都是 6B,目标 MAC 指的是目标主机的 MAC 地址,源 MAC 指的是自己的 MAC 地址。如主机 A 发数据给主机 B,那么目标 MAC 就是主机 B 的 MAC 地址,源 MAC 就是主机 A 的 MAC 地址。

Ethernet_II 和 IEEE 802.3 的数据帧格式有差异,如图 1.24 所示。Ethernet_II 帧头部共 3 个字段,分别是 D. MAC、S. MAC 和 Type;IEEE 802.3 帧头部共 4 个字段,分别是

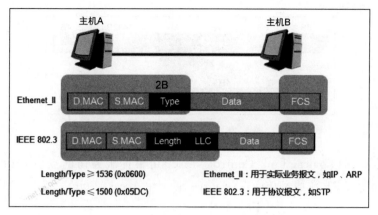

图 1.24　以太网帧的两种不同格式

D. MAC、S. MAC、Length 和 LLC。那么主机收到一个数据帧之后如何判断这是 Ethernet_II 帧还是 IEEE 802.3 帧呢？

主机根据 S. MAC 后面 2B 的值判断：

① 如果这 2B 的值≥1536（十六进制 0x0600），那么这是 Ethernet_II 帧，用于封装实际业务报文；

② 如果这 2B 的值≤1500（十六进制 0x05DC），那么这是 IEEE 802.3 帧，用于封装 2 层协议报文。

简单来说，主机收到一个数据帧之后，前 6B 是目标 MAC，紧跟着的 6B 是源 MAC，然后根据接下来的 2B 的值来判断：如果≥1536，那么这是 Ethernet_II，套用 3 字段的帧格式；如果≤1500，那么就是 IEEE 802.3 帧，套用 4 字段的帧格式。

下面介绍两种常见的 Ethernet_II 帧，如图 1.25 所示，一种封装 IP 报文，另一种封装 ARP 报文。Type 值＝0x0800 表示里面是 IP 报文，Type 值＝0x0806 表示里面是 ARP 报文。根据前面的定义，可以看到 0x0800 和 0x0806 都大于 0x0600，表明都是 Ethernet_II 帧。

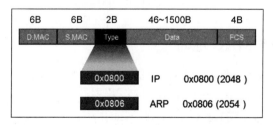

图 1.25　常见的两种封装业务报文的帧格式

当这个帧被判断为 Ethernet_II 格式的时候，跟在 Type 字段后面的就是数据 Data。

IEEE 802.3 帧格式类似于 Ethernet_II 帧，只是 Ethernet_II 帧的 Type 域在 IEEE 802.3 帧中表示 Length，紧跟其后的 3B 作为 LLC 字段，如图 1.26 所示。

6B
6B
2B
3B
38~1492B
4B
D.MAC
S.MAC
Length
LLC
Data
FCS
1B
1B
1B
D.SAP
S.SAP
Control

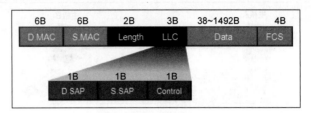

图 1.26　IEEE 802.3 帧结构

逻辑链路控制（Logical Link Control，LLC）由目标服务访问点（Destination Service Access Point，DSAP）、源服务访问点（Source Service Access Point，SSAP）和 Control 字段组成。

当 DSAP 和 SSAP 都取特定值 0xff 时，IEEE 802.3 帧就变成了 Netware-ETHERNET 帧，用来承载 NetWare 类型的数据。

当 DSAP 和 SSAP 都取特定值 0xaa 时，IEEE 802.3 帧就变成了 ETHERNET_SNAP 帧。ETHERNET_SNAP 帧可以用于传输多种协议。

DSAP 和 SSAP 其他的取值均为纯 IEEE 802.3 帧。如 STP、DSAP 和 SSAP 取值为 0x42，Control 字段取值 0x03，如图 1.27 所示。

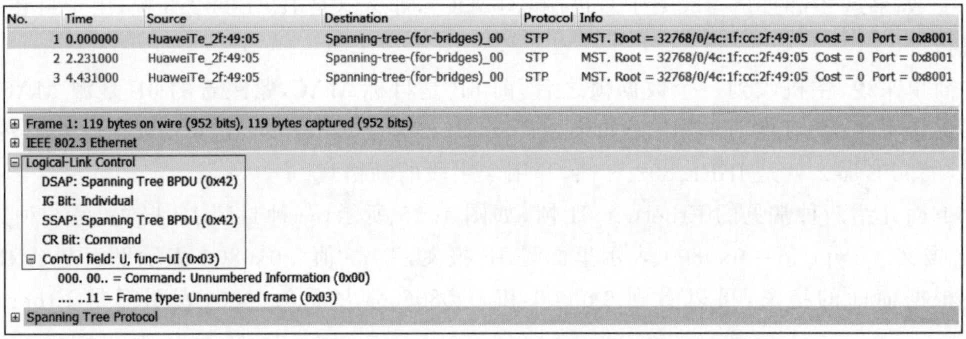

No. Time Source Destination Protocol Info
1 0.000000 HuaweiTe_2f:49:05 Spanning-tree-(for-bridges)_00 STP MST. Root = 32768/0/4c:1f:cc:2f:49:05 Cost = 0 Port = 0x8001
2 2.231000 HuaweiTe_2f:49:05 Spanning-tree-(for-bridges)_00 STP MST. Root = 32768/0/4c:1f:cc:2f:49:05 Cost = 0 Port = 0x8001
3 4.431000 HuaweiTe_2f:49:05 Spanning-tree-(for-bridges)_00 STP MST. Root = 32768/0/4c:1f:cc:2f:49:05 Cost = 0 Port = 0x8001
Frame 1: 119 bytes on wire (952 bits), 119 bytes captured (952 bits)
IEEE 802.3 Ethernet
Logical-Link Control
DSAP: Spanning Tree BPDU (0x42)
IG Bit: Individual
SSAP: Spanning Tree BPDU (0x42)
CR Bit: Command
Control field: U, func=UI (0x03)
000. 00.. = Command: Unnumbered Information (0x00)
.... ..11 = Frame type: Unnumbered frame (0x03)
Spanning Tree Protocol

图 1.27　STP 报文抓取截图

1.4.4　以太网 MAC 地址

主机的物理网卡上都带有一个 MAC 地址（Media Access Control Address，媒体访问控制地址），发送以太网帧的时候必须填上目标 MAC 和源 MAC。如图 1.28 所示，主机 A 发送以太网帧给主机 B 的时候，目标 MAC 就是主机 B 的 MAC 地址，源 MAC 填自己的 MAC 地址。

MAC 地址共 6B、48 位，分为两部分，前 24 位代表厂商代码，由 IEEE 管理和分配，后 24 位序列号由厂商自己分配。如图 1.29 所示。

MAC 有 3 种不同类型，分别是单播 MAC、组播 MAC 和广播 MAC。

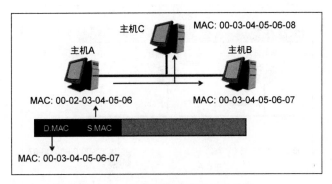

图 1.28　以太网帧中的 MAC 地址

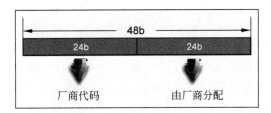

图 1.29　MAC 地址由两个部分组成

单播 MAC：最左边字节的最低位为"0"时是单播 MAC 地址，如图 1.30 所示。目标 MAC 是单播 MAC 地址的以太网帧，只能被一个指定主机接收，如主机 A 发送一个帧，它的目标 MAC 是 00-03-04-05-06-07，这个帧只能被主机 B 接收。单播 MAC 大多用于主机间点对点通信。

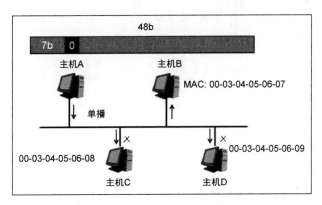

图 1.30　单播 MAC 的格式和用途

组播 MAC：最左边字节的最低位为"1"时是组播 MAC 地址，如图 1.31 所示。组播 MAC 用于同一个组中的设备通信。如路由器 A 发出一个路由协议报文，这个报文需要同时发给路由器 B 和路由器 C，用来同步路由信息，但是不需要发给主机 A，因为主机没有运行路由协议。这个场景中就需要使用组播 MAC 地址。

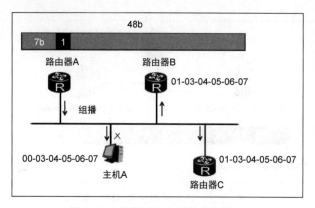

图 1.31 组播 MAC 的格式和用途

需要注意的是,路由器的每个接口都有单播 MAC 地址,同时又可以加入指定的组播组,根据实际需要配置加入特定组播组的时候,就会接收特定组播地址的报文。

组播地址多用于网络设备之间交互协议报文,例如运行 OSPF 协议的路由器就需要用到组播 MAC 地址同步路由信息。

广播 MAC:48 比特全置位为"1"的时候就是广播 MAC 地址,如图 1.32 所示。广播 MAC 用于同一个广播域里面的通信,目的是将数据帧发给所有的主机或设备,如 ARP 协议。

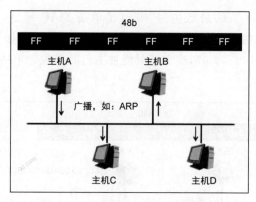

图 1.32 广播 MAC 的格式和用途

在实际应用中,主机和网络设备都会经常用到广播 MAC。

1.4.5 数据帧的发送和接收过程

帧从主机的物理接口发送出来后,通过传输介质传输到目标端。共享网络中,这个帧可能到达多个主机。主机检查帧头中的目标 MAC 地址,如果目标 MAC 地址是本机 MAC 地址,或是广播 MAC 地址,或是本机侦听的组播 MAC 地址,主机会继续处理该帧,否则丢弃。

如果接收该帧,主机首先检查帧校验序列(FCS)字段,确定帧在传输过程中是否保持了完整性。如果主机判断帧在传输过程中出错,则丢弃该帧。如果该帧通过了 FCS 校验,主机会根据帧头部中的 Type 字段确定将帧发送给上层哪个协议处理。如果 Type 字段的值为 0x0800,表明该帧需要发送到 IP 处理。在发给 IP 之前,帧的头部和尾部会被剥掉,如图 1.33 所示。

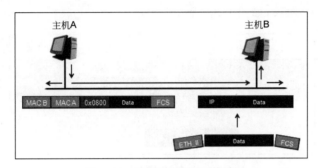

图 1.33 数据帧的发送和接收

1.4.6 小结

本节首先介绍了 TCP/IP 的发展历史,以及协议栈的逐层封装过程;然后介绍了以太网的两种不同帧结构,及其对应的应用场景;接着介绍了 3 种不同 MAC 地址格式和应用场景;最后介绍了主机收到以太网帧的处理过程。

本节的学习重点是要掌握两种以太网帧的格式,主机如何区分这两种不同的格式,以及各自的应用场景,另外还要掌握 3 种不同 MAC 地址的格式和应用场景。

1.5 IP 报文结构与 IP 编址

视频讲解

按 TCP/IP 由下往上的顺序,本节讲解网络层协议相关的内容,如图 1.34 所示。网络层包含了许多协议,其中最为重要的是 IP。IP 是网络层其他协议的基础,扎实掌握 IP 之后,学习其他的协议会简单得多。下面讲解 IP 报文具体结构及其工作背景,以及 IP 编址规则。

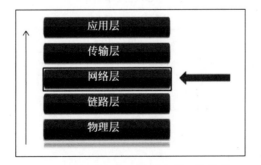

图 1.34 按由下往上的顺序学习协议栈

1.5.1　IP 报文结构

1.4 节介绍以太网帧结构的时候提到以太网帧中的 Type 字段值为 0x0800 时,表示该帧的网络层协议为 IP 协议,如图 1.35 所示。

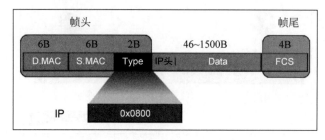

图 1.35　包含 IP 报文的以太网帧

确定这是一个 IP 报文之后,链路层去掉帧头和帧尾,然后交给 IP 协议处理。IP 头包含哪些字段,为什么需要这些字段,它们都是做什么用的? 下面将详细介绍。

IP 头总长度为 20~60B,最少 20B,这是固定的部分。此外还有可选项 IP Options,在特殊场景中需要用到这个字段,通常不填,需要时最长 40B。所以,IP 头部长度范围是 20~60B,不固定,如图 1.36 所示。

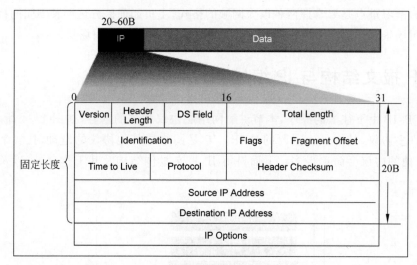

图 1.36　IP 头部结构

Version:用来区分 IPv4 和 IPv6 报文,IPv4 取值为 4,IPv6 取值为 6。

Header Length:表示 IP 头长度,一般情况下这个值是 20,如果有 IP Options 字段,取值会大于 20,但是不超过 60。

DS Field:Different Service Field,区分服务字段。工作背景:网络中可以发送不同业务数据,例如语音、电视、邮件等。不同业务对网络质量要求不一样,语音业务稍微出现延迟或者丢包,用户会明显感觉通话质量下降;邮件业务延迟 1～2s 基本没影响,甚至延迟 1min 也可以接受。为了提高用户体验,需要为不同的业务提供不同的处理优先级,语音报文要优先转发,邮件报文则可以降低一点优先级。DS Field 用于给不同的报文贴上优先级标签,例如将语音报文的 DS 设置成 7,邮件报文设置成 1,网络设备就可以根据这个优先级提供不同服务。在网络出现拥塞的情况下,会优先发送高优先级的报文,保证不会丢包和延迟。

Total Length:IP 报文总长度,Total Length-Header Length=Data Length。IP 报文总长度减去头部长度,就是数据部分的总长度。

下面介绍几个与包分片相关的字段:Identification、Flags 和 Fragment Offset。如图 1.37 所示。

Version	Header Length	DS Field	Total Length	
Identification			Flags	Fragment Offset
Time to Live		Protocol	Header Checksum	
Source IP Address				
Destination IP Address				
IP Options				

图 1.37 IP 分片相关的字段

工作背景:报文在网络设备上转发的时候有时需要做分片处理,如图 1.38 所示。路由器接口有一个参数是 MTU(Maximum Transmission Unit,最大传输单元),表示当前接口最大转发报文长度,默认值是 1500,可以根据实际情况配置为其他值。

如果路由器左右两边接口的 MTU 参数不一样,左边是 1500B,右边是 1400B,此时主机 A 发送一个 1500B 的报文给主机 B,经过路由器的时候,路由器会对该报文做分片处理,分成 2 片,第一片 1400B,第二片 100B。

主机 B 收到这两个分片的时候,如何判断这是独立的两个报文,还是同一个报文的两个分片呢?这个时候就需要用到分片标识进行判断,分片标识共 3 个字段:

Identification:分片编号,同一个报文的不同分片取值相同,如图 1.39 中的分片 1、分片 2、Identification 值都是 99,主机 B 就可以判断这两个分片是同一个报文的。

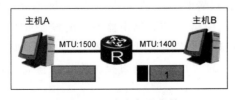

图 1.38 分片应用背景

图 1.39 分片标志位设置

Flags：分片标志,用来标识是否还有更多分片。图 1.39 中分片 1 的 Flags 值设置为 1,表示后面还有分片,主机 B 收到这个报文会先放到缓存,等待后面分片到齐;分片 2 的 Flags 设置为 0,表示后面没有分片了,主机 B 看到这个标识就会整合所有分片,还原为最初的报文,然后进一步处理。

Fragment Offset：分片偏移量,用来定位分片在原始报文的位置,分片 1 的偏移量是 0,分片 2 的偏移量是 1400。在这个例子里只有 2 个分片,通过 Flags 即可判断哪个先哪个后,如果分片数量超过 3 个,就必须通过这个偏移量确定分片的先后顺序。

下面介绍一个常用的参数 Time to Live,报文生存时间,如图 1.40 所示。

Version	Header Length	DS Field	Total Length	
Identification			Flags	Fragment Offset
Time to Live		Protocol	Header Checksum	
Source IP Address				
Destination IP Address				
IP Options				

图 1.40　Time to Live 生存时间

Time to Live：简称 TTL,用来防止网络环回。应用场景：如图 1.41 所示,主机 A 和主机 B 之间有 3 个路由器 A、B、C,通常情况下主机 A 发报文给主机 B,应该是经过路由器 A,路由器 B,然后到达主机 B,但是有时候路由器配置不当会导致报文到达路由器 B 之后,并没有交给主机 B,而是交给路由器 C,然后路由器 C 又交给路由器 A,产生环回。

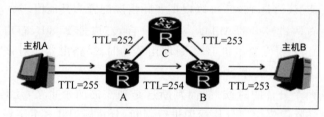

图 1.41　TTL 应用场景

环回报文如果不进行消除,会越积越多,最后导致设备崩溃。TTL 可以消除环回。

工作原理：主机 A 发出报文的时候,TTL 设置为 255,在网络中转发,每经过一个 3 层网络设备 TTL 值就减 1,因此 TTL 在报文从路由器 A 传到路由器 B 的时候变成 254,从路由器 B 传到路由器 C 的时候变成 253,依次递减。如果网络出现环路,经过 255 次转发之后 TTL=0。任何网络设备收到一个报文,如果它的 TTL=0,就直接丢弃。这样就可以消除报文无限环回。

注：丢弃报文的设备会根据报文头中的源 IP 地址向源端发送 ICMP 错误消息。

下面介绍 Protocol 参数的作用,如图 1.42 所示。

Version	Header Length	DS Field	Total Length	
Identification			Flags	Fragment Offset
Time to Live	Protocol		Header Checksum	
Source IP Address				
Destination IP Address				
IP Options				

图 1.42　Protocol 字段

网络层在接收并处理报文后，要确定下一步如何处理报文。IP 报文头中的协议字段标识了下一步将交给哪个协议处理。与以太帧头中的 Type 字段类似，协议字段也是一个十六进制数。该字段可以标识 ICMP(Internet Control Message Protocol，因特网控制报文协议，对应值 0x01)，也可以标识 TCP(Transmission Control Protocol，传输控制协议，对应值 0x06)和 UDP(User Datagram Protocol，用户数据报协议，对应值 0x11)，如图 1.43所示。

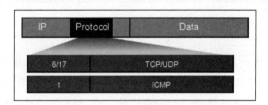

图 1.43　IP 头 Protocol 字段含义

如果 Protocol 字段为 0x06，那么主机会去掉 IP 头部，然后把里面的数据交给 TCP 处理。其他值的处理与此相似，都会分别交给相应的协议处理。

下面介绍 IP 头部的后面 3 个参数：Header Checksum、Source IP 和 Destination IP。

Header Checksum：头部校验和，是将 IP 头部的所有字段用特定算法做运算，得出的一串校验数字，用来检验收到的 IP 头部是否和最初发的一致。

Source IP Address：源 IP 地址，指报文发送端的 IP 地址。

Destination IP Address：目标 IP 地址，指接收端的 IP 地址。

IP Options：可选参数，该字段平时用得很少，有兴趣可以自己查询资料学习，这里不展开介绍。

IP 头的参数相对较多，重点要理解每个参数的工作背景。

1.5.2　IP 编址

主机之间一般是通过 IP 地址互相通信，例如主机 A 通过 ping 192.168.1.3 检测主机 C 是否可达，192.168.1.3 就是主机 C 的 IP 地址。如图 1.44 所示。

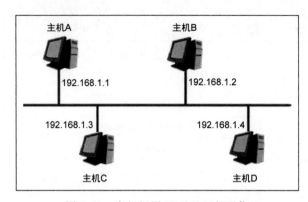

图 1.44　主机间用 IP 地址互相通信

192.168.1.3 这个 IP 地址实际上由两部分组成,分别是网络位和主机位,如图 1.45 所示。

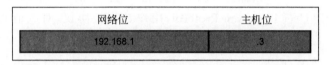

图 1.45　主机 C 的 IP 地址组成

网络位标识的是一个网络,在这个网络里可以有多个主机。主机位标识的是主机在网络中的编号,例如主机 A 的编号是 1,主机 B 的编号是 2,主机 C 的编号是 3,主机 D 的编号是 4,这 4 个主机在同一个网络里面,网络编号是 192.168.1。通过网络编号＋主机编号就可以确定一个主机的具体 IP 地址。

同一个网络里的主机通信时可以直接发送报文,例如主机 A ping 主机 C 时,发现目标 IP 192.168.1.3 与自己的 IP 192.168.1.1 处于同一个网络,就可以直接封装以太网报文,MAC 地址填主机 C 的 MAC 地址,然后发给对方。

如果主机 A ping 另外一个网络里面的主机 F,它的 IP 地址是 192.168.2.1,此时主机 F 的网络编号是 192.168.2,主机 A 发现其与自己处于不同的网络,不能直接通信,需要将报文发给网关,由网关进行转发。此时,主机 A 发出来的以太网帧的目标 MAC 是网关的 MAC 地址,如图 1.46 所示。

可以看到,网络编号决定了主机发送报文时的发送对象,如果目标网络编号与自己的相同,直接发送;如果不同,则发给网关,由网关转发。

在实际应用中,主机位取值为 0 的 IP 地址表示一个网络号,一般用于路由表,以节省路由条目。如图 1.47 所示。

主机位取值全 1 的 IP 地址是一个广播地址,用来在当前网段内广播报文,如 192.168.1.255。广播报文对应的以太网帧中,目标 MAC 也是一个广播 MAC,取值 FF-FF-FF-FF-FF-FF。

每一个网段内都有 2 个特殊 IP 地址,一个是主机位取值全 0,另一个是主机位取值全 1。

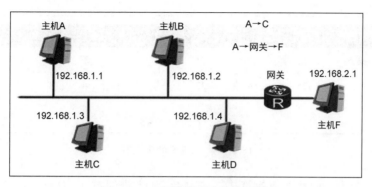

图 1.46　不同网络主机间的通信

	网络位	主机位
网络地址:	192.168.1	.0

IPv4 路由表

```
活动路由:
      网络目标           网络掩码            网关              接口       跃点数
      0.0.0.0           0.0.0.0        172.17.51.1      172.17.51.30      20
     10.0.0.0          255.0.0.0        10.214.40.1      10.214.41.2       10
   172.16.0.0         255.240.0.0       10.214.40.1      10.214.41.2       10
  172.17.51.0        255.255.255.0       在链路上        172.17.51.30     276
  172.17.51.1       255.255.255.255      10.214.40.1      10.214.41.2       10
  172.17.51.1       255.255.255.255      在链路上        172.17.51.30      20
 172.17.51.30       255.255.255.255      在链路上        172.17.51.30     276
```

图 1.47　网络号的应用

IP 地址长度是 4B,每字节 8 位,可以表示的数值范围是 0～255,十进制和二进制的对应关系如图 1.48 所示。

十进制	二进制	十进制	二进制
0	00000000	9	00001001
1	00000001	10	00001010
2	00000010	11	00001011
3	00000011	12	00001100
4	00000100	13	00001101
5	00000101	14	00001110
6	00000110	15	00001111
7	00000111	…	…
8	00001000	255	11111111

图 1.48　十进制和二进制的对应关系

一个二进制数如何转化成十进制数呢,如 00101011 对应的十进制数是多少? 图 1.49 中对应的是 8 位二进制数,哪一位取值是 1,就将其对应的数值加起来,00101011 共有 4 位取值为 1,对应的数值分别是 32、8、2、1,全部相加的和是 43,对应的十进制数就是 43,如图 1.49 所示。

比特位	1	1	1	1	1	1	1	1
乘方	2^7	2^6	2^5	2^4	2^3	2^2	2^1	2^0
数值	128	64	32	16	8	4	2	1

$$32+8+2+1 = 43$$

图 1.49　二进制转十进制

反过来,一个十进制数如何换算成二进制数,如十进制数 43 对应的二进制数是多少? 将 43 不断被 2 除,得到的一系列余数逆序排列就是对应的二进制数。43/2＝21,余 1；21/2＝10,余 1；10/2＝5,余 0,以此类推,一直除到商等于 0,不足位用 0 补齐,如图 1.50 所示。最终得到 00101011。

4 字节的 IP 地址,每字节换算成十进制之后,十进制数之间用点号隔开,得到的就是对应的 IP 地址。如图 1.51 所示。

图 1.50　十进制转
二进制

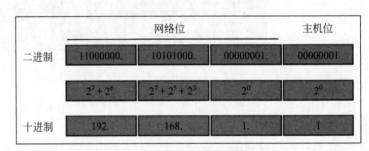

图 1.51　IP 地址的换算

192.168.1.1 这个 IP 地址的网络位占 3B,主机位占 1B,为什么网络位占 3B,而不是 1B 或 2B 呢? 这是由 IP 地址的取值范围决定的,IPv4 地址总共分为 5 类,每一类对应的网络位长度和取值范围都不一样。

如图 1.52 所示,A 类 IP 地址网络位占 1B,主机位占 3B,其中网络位的最高位取值固定为 0,则网络位的取值范围是 00000000～01111111,对应的十进制数是 0～127。

那么 100.1.1.1 这个 IP 地址的网络位应该是几字节呢? 因为 100 在 0～127 之间,所以这是一个 A 类地址,对应的网络位长度就是 1B。

B 类地址网络位占 2B,最左边 2 位取固定值 10,网络号范围 128.0～191.255。

C 类地址网络位占 3B,最左边 3 位取固定值 110,网络号范围 192.0.0～223.255.255。

D 类地址没有网络位,最左边 4 位取固定值 1110,用作组播地址。

E 类地址也没有网络位,最左边 4 位取固定值 1111,目前没有使用。

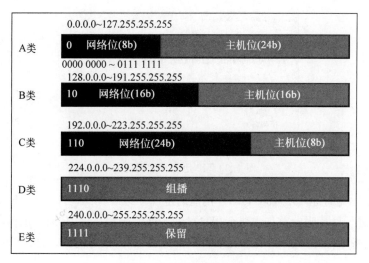

图 1.52　IPv4 地址分类

可以看出,不同类的 IP 地址取值范围不一样,根据 IP 地址的取值就可以判断其属于哪一类,网络位占几位。

IP 地址分公网 IP 地址和私网 IP 地址,使用公网 IP 地址可以在全世界范围内找到目标主机。不同国家使用的公网 IP 地址范围不一样,由国际组织统一分配。私网 IP 地址只在私有网络内部使用,不同国家、不同公司的内部私网可以使用相同的私网 IP 地址,互不影响。

私网 IP 地址范围:

A 类:10.0.0.0～10.255.255.255

B 类:172.16.0.0～172.31.255.255

C 类:192.168.0.0～192.168.255.255

此外还有一些特殊 IP 地址:

127.0.0.0～127.255.255.255:用于本地环回,如 127.0.0.1,无论有没有连接网络,ping 127.0.0.1 这个地址总能成功,如果不成功就表示网卡有故障。

0.0.0.0:用于默认路由。

255.255.255.255:用于全网广播。

除了私网 IP 地址和特殊 IP 地址之外的都是公网 IP 地址。

实际应用中,除了配置主机 IP 地址之外,通常还需要配置子网掩码,如图 1.53 所示。

子网掩码做什么用呢?前面介绍网络号的时候提到过,主机发送报文前需要判断目标 IP 地址是否和自己处于同一个网络,如果是就直接发送,如果不是就发给网关。

那么怎么判断目标 IP 地址是否和自己处于同一个网络呢?这个时候就需要用子网掩码计算,子网掩码由一串连续的 1 和 0 组成,前半部分全是 1,后半部分全部是 0,如 255.0.0.0、255.255.0.0。0 和 1 不能混插,如 255.0.255.0 就不是一个合法的子网掩码。

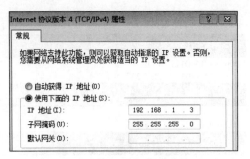

图 1.53　IP 地址和子网掩码

主机 A 的 IP 地址是 192.168.1.3，子网掩码是 255.255.255.0，目标 IP 地址是 192.168.1.7，此时主机怎么进行计算呢？首先主机会用自己的子网掩码和目标 IP 地址进行与运算，算出目标 IP 地址的网络号，如图 1.54 所示，先展开成二进制，然后做与运算，最后再还原成十进制。

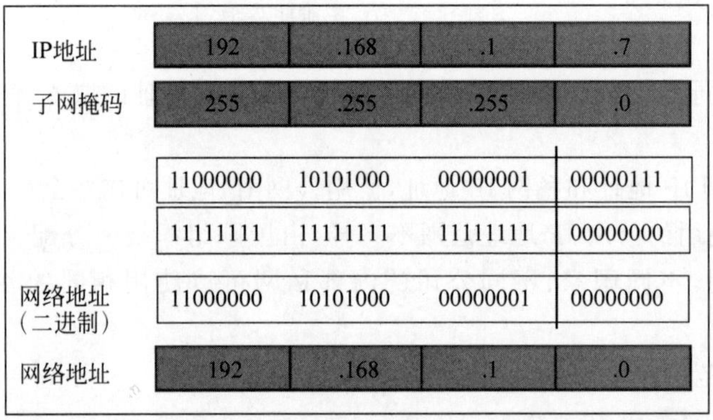

IP地址	192	.168	.1	.7
子网掩码	255	.255	.255	.0
	11000000	10101000	00000001	00000111
	11111111	11111111	11111111	00000000
网络地址 （二进制）	11000000	10101000	00000001	00000000
网络地址	192	.168	.1	.0

图 1.54　网络地址计算过程

同样地，主机 A 也会将自己的 IP 地址 192.168.1.3 和子网掩码做与运算，得到的网络号是 192.168.1.0。通过比较，发现目标 IP 地址的网络号与自己的网络号相同，就可以判断目标主机和自己处于同一个网络，否则就是在不同网络。

在明确告知子网掩码的情况下，可以很容易算出网络号。如果没有明确子网掩码，能不能算出网络号呢？如 IP 地址：111.102.3.189、129.132.143.7，这两个 IP 地址的网络号分别是多少？

前面介绍 IP 地址分类的时候，我们知道不同类的 IP 地址有不同取值范围，111 在范围 0～127 内，表明这是 A 类地址，网络位 1B，默认的子网掩码是 255.0.0.0，因此它的网络号是 111.0.0.0。129 在 128～191 范围内，表明这是 B 类地址，网络位 2B，默认的子网掩码是 255.255.0.0，因此它的默认网络号是 129.132.0.0。

下面介绍可用主机数的概念。我们知道一个主机 IP 地址由 2 部分组成，前面是网络号，后面是主机号。A 类地址主机号占 3B；B 类地址主机号 2B；C 类地址主机号占 1B，如图 1.55 所示。

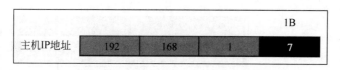

图 1.55 C 类地址的主机号

1B 可以表示的值的范围是 00000000～11111111，共 256 个值。其对应的 IP 地址范围是 192.168.1.0～192.168.1.255，其中主机位全 0 和全 1 有特殊用途，分别表示网络号和广播地址。那么可以分配给主机使用的 IP 地址范围是 192.168.1.1～192.168.1.254，共 $2^n-2(256-2=254)$ 个。

在实际应用中，直接使用 A 类、B 类或者 C 类地址都会出现浪费情况，如图 1.56 所示。3 个网段：

网段 A 的网络号是 192.168.1.0，共 30 台主机，将会浪费 224 个 IP 地址；

网段 B 的网络号是 192.168.2.0，共 20 台主机，将会浪费 234 个 IP 地址；

网段 C 的网络号是 192.168.3.0，共 10 台主机，将会浪费 244 个 IP 地址。

（注：子网掩码通常用掩码长度表示，如 255.0.0.0，用数字 8 表示网络号长度，255.255.255.0 用数字 24 表示。192.168.1.1/24 表示 IP 地址是 192.168.1.1，掩码是 255.255.255.0。）

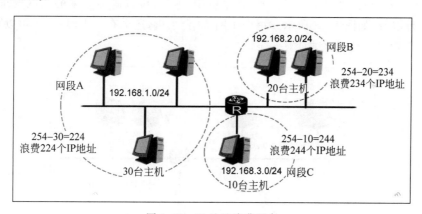

图 1.56 IP 地址浪费现象

这是 C 类地址的情况，如果是 A 类，或者 B 类，主机位分别是 3B 和 2B，地址浪费更严重。怎样才能避免 IP 地址浪费呢？可以用变长子网掩码（Variable-Length Subnet Masking，VLSM）解决。

192.168.1.0 是 C 类网段，默认子网掩码是 255.255.255.0，为了避免 IP 地址浪费，可以将掩码扩展 2 位，如图 1.57 所示，扩展后的子网掩码由 24 位变成 26 位，对应的十进制数子网掩码是 255.255.255.192。

2 位可表示的值有 00、01、10、11，因此就可以将原来的 192.168.1.0 网段划分为 4 个子网，这 4 个子网的网络号如图 1.57 所示。

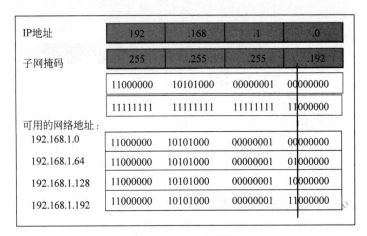

图 1.57　变长子网掩码

这 4 个子网的可用主机位由原来的 8 位减为 6 位,可用的 IP 数是 2^n-2,也就是 $2^6-2=62$ 个。

这里问个问题,扩展子网掩码后 192.168.1.65 与 192.168.1.130 是处于同一个子网吗? 参照图 1.57 可以看出这两个 IP 地址处于不同子网。

通过子网划分后,每个子网支持 62 台主机 IP 地址,可以满足原来的组网要求,同时避免了 IP 地址浪费,如图 1.58 所示。每个子网 62 台主机,还会有一点浪费,还可以再次扩展掩码,减少浪费吗? 自己尝试计算一下。

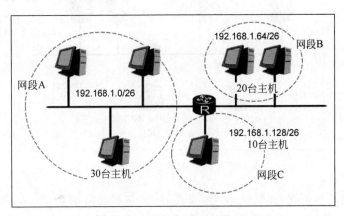

图 1.58　子网划分

需要注意,子网划分时只能扩展,不能收缩,如 192.168.1.0/24 网段可以扩展成 25、26、27 位掩码,但是不能缩减成 23、22 位掩码。

下面再介绍一种跟子网掩码有关的场景。如图 1.59 所示,路由器右边有 4 个网段,路由表就有 4 个条目,向外通告的时候也有 4 个条目。这 4 个条目非常相似,有没有办法合成 1 个条目,提高通告效率呢?

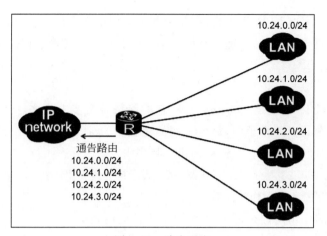

图 1.59　路由通告

实际上这 4 个条目,除了第三字节有差异之外,其他字节都是一样的。把第三字节展开成二进制之后,里面又有 6 位一样,如图 1.60 所示。

4 个不同网段的前 22 位一样,因此,通告路由的时候可以只通告 10.24.0.0/22 一条路由,提高了效率,如图 1.61 所示。

在实际应用中,路由表会非常庞大,将路由精简,不仅提高了通告效率,也减轻了其他路由器的负担。这个精简路由的技术称为无类域间路由(Classless Inter Domain Routing,CIDR),也称为路由聚合。

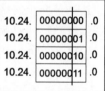

图 1.60　第三字节二进制展开

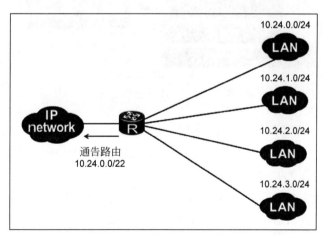

图 1.61　精简路由通告条目

1.5.3　小结

本节首先介绍了 IP 头部各字段的含义及其相关的工作背景,然后介绍了 IP 地址的结构及 5 种不同的 IP 地址分类,最后介绍了变长子网掩码和无类域间路由。

本节介绍的每个知识点都很重要,在整个 NA 课程里面是核心知识点,同时因为相对来说比较抽象,也是难点,需要熟练理解掌握。学习的关键是要理解它们的工作背景并稍加记忆,同时多做练习。

练习题:

1. 公司某主机 IP 地址是 193.168.1.3,它的网络号是多少? 这是公网 IP 地址还是私网 IP 地址? 如果公司有 5 个子网,每个子网的主机数分别是 24、28、10、15、7,应该如何划分子网,子网掩码应该是多长? 对应的网络号是多少?

2. 10.12.13.194/23 与 10.12.13.234/23 属于同一个子网吗?

3. IP 头部 TTL 字段的作用是什么?

4. 子网掩码的作用是什么,在什么情况下主机会用到?

1.6 ARP 原理

视频讲解

这一节介绍网络层另外一个常用的协议——ARP(Address Resolution Protocol)。前面介绍链路层的时候,提到过 Type 字段的取值,值为 0x0800 时表示里面封装的是 IP 报文,值为 0x0806 时表示里面封装的是 ARP 报文。ARP 和 IP 是并列关系,如图 1.62 所示。

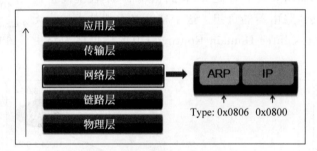

图 1.62   ARP 所处的位置

主机之间的通信通常都是通过 IP 地址进行,例如 ping 192.168.1.2,telnet 192.168.1.3 等。主机将报文发出之前,必须填好以太网头部,也就是目标 MAC 和源 MAC,那么目标 MAC 怎么填呢? 如图 1.63 所示。

实际上,每一台主机都有一个 IP 地址与 MAC 地址的映射表(这个表简称为 ARP 缓存表),主机发送报文之前,通过 IP 地址在表里查找对应的 MAC 地址,找到之后,就可以封装以太网帧然后发送出去,如图 1.64 所示。

ARP 缓存表动态更新,刚开机的时候这个表是空的,这个时候主机查 MAC 地址会查不到,就会发出 ARP 报文获得目标 IP 地址对应的 MAC 地址。

如图 1.65 所示,主机 A 发出 ARP 请求报文,这是一个广播报文,目标 MAC 是广播 MAC 地址 FF-FF-FF-FF-FF-FF,在报文里请求获得 10.1.1.2 对应的 MAC 地址。广播报

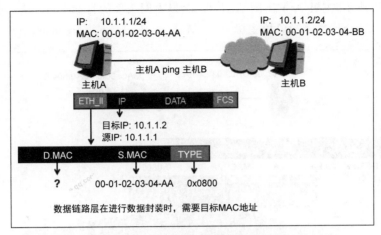

图 1.63　以太网头部需要目标 MAC

```
C:\Users\Administrator>arp -a

接口: 192.168.1.232 --- 0xd
  Internet 地址         物理地址              类型
  192.168.1.1           48-fd-8e-ea-66-2a     动态
  192.168.1.234         84-3a-4b-d3-eb-54     动态
  192.168.1.237         84-3a-4b-47-48-b8     动态
  192.168.1.254         dc-4a-3e-c1-b6-dc     动态
  192.168.1.255         ff-ff-ff-ff-ff-ff     静态
  224.0.0.22            01-00-5e-00-00-16     静态
  224.0.0.251           01-00-5e-00-00-fb     静态
  224.0.0.252           01-00-5e-00-00-fc     静态
  239.255.255.250       01-00-5e-7f-ff-fa     静态
  255.255.255.255       ff-ff-ff-ff-ff-ff     静态
```

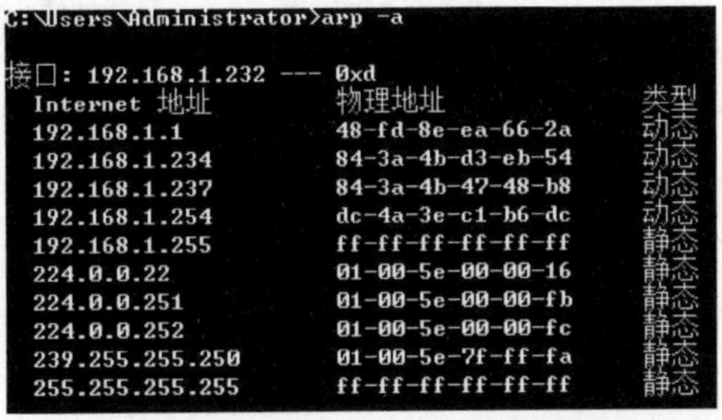

图 1.64　主机上的 ARP 缓存表

文会被主机 C、主机 B 收到，但是只有主机 B 会回应，因为主机 B 的 IP 地址就是 10.1.1.2。主机 A 收到主机 B 的回应报文之后就获得了主机 B 的 MAC 地址，同时主机 A 将 IP 地址与 MAC 地址对应关系更新到 ARP 缓存表里。

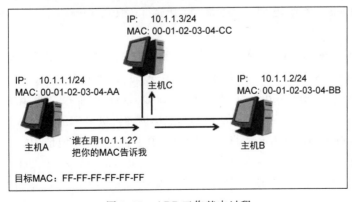

图 1.65　ARP 工作基本过程

如图 1.66 所示,主机 A 发出的 ARP 报文,以太网头部的目标 MAC 填广播 MAC 地址 FF-FF-FF-FF-FF-FF,源 MAC 填主机 A 的 MAC 地址,Type 填 0x0806。

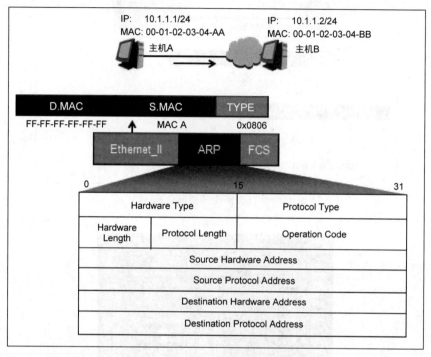

图 1.66 ARP 格式

Hardware Type:硬件类型,通常是以太网,取值 0x0001。

Protocol Type:协议类型,通常是 IP,取值 0x0800。

Hardware Length:MAC 地址长度,取值 6。

Protocol Length:IP 地址长度,取值 4。

Operation Code:操作类型,一种是 ARP 请求,取值 0x0001;另一种是回应,取值 0x0002。

Source Hardware Address:源 MAC 地址,填主机 A 的 MAC 地址 00-01-02-03-04-AA。

Source Protocol Address:源 IP 地址,填主机 A 的 IP 地址 10.0.0.1。

Destination Hardware Address:目标 MAC 地址,ARP 请求报文里填 FF-FF-FF-FF-FF-FF,ARP 回应报文里填的是具体对应的 MAC 地址,因为主机 B 知道主机 A 的 MAC 地址。

Destination Protocol Address:目标 IP 地址,填主机 B 的 IP 地址 10.0.0.2。

如图 1.67 和图 1.68 所示,主机 A 第一次 ping 主机 B 的时候发出 ARP 请求,然后主机 B 回应一个 ARP 报文。注意比较请求报文和回应报文的区别,主要是目标 MAC 填写的差异。

注:ARP 报文不能穿越路由器,不能被转发到其他广播域,只在本网段有效。

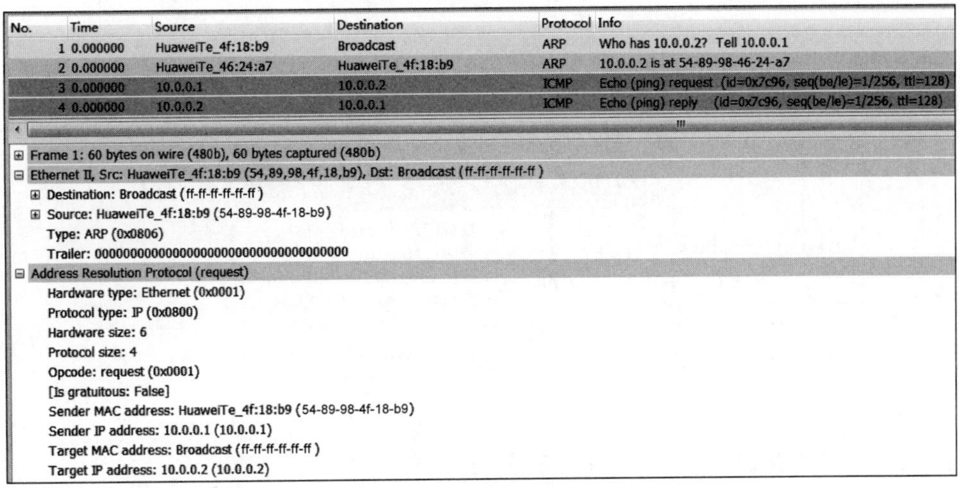

No.	Time	Source	Destination	Protocol	Info
1	0.000000	HuaweiTe_4f:18:b9	Broadcast	ARP	Who has 10.0.0.2? Tell 10.0.0.1
2	0.000000	HuaweiTe_46:24:a7	HuaweiTe_4f:18:b9	ARP	10.0.0.2 is at 54-89-98-46-24-a7
3	0.000000	10.0.0.1	10.0.0.2	ICMP	Echo (ping) request (id=0x7c96, seq(be/le)=1/256, ttl=128)
4	0.000000	10.0.0.2	10.0.0.1	ICMP	Echo (ping) reply (id=0x7c96, seq(be/le)=1/256, ttl=128)

```
⊞ Frame 1: 60 bytes on wire (480b), 60 bytes captured (480b)
⊟ Ethernet II, Src: HuaweiTe_4f:18:b9 (54,89,98,4f,18,b9), Dst: Broadcast (ff-ff-ff-ff-ff-ff )
  ⊞ Destination: Broadcast (ff-ff-ff-ff-ff-ff)
  ⊞ Source: HuaweiTe_4f:18:b9 (54-89-98-4f-18-b9)
    Type: ARP (0x0806)
    Trailer: 00000000000000000000000000000000000000
⊟ Address Resolution Protocol (request)
    Hardware type: Ethernet (0x0001)
    Protocol type: IP (0x0800)
    Hardware size: 6
    Protocol size: 4
    Opcode: request (0x0001)
    [Is gratuitous: False]
    Sender MAC address: HuaweiTe_4f:18:b9 (54-89-98-4f-18-b9)
    Sender IP address: 10.0.0.1 (10.0.0.1)
    Target MAC address: Broadcast (ff-ff-ff-ff-ff-ff )
    Target IP address: 10.0.0.2 (10.0.0.2)
```

图 1.67　ARP 请求报文

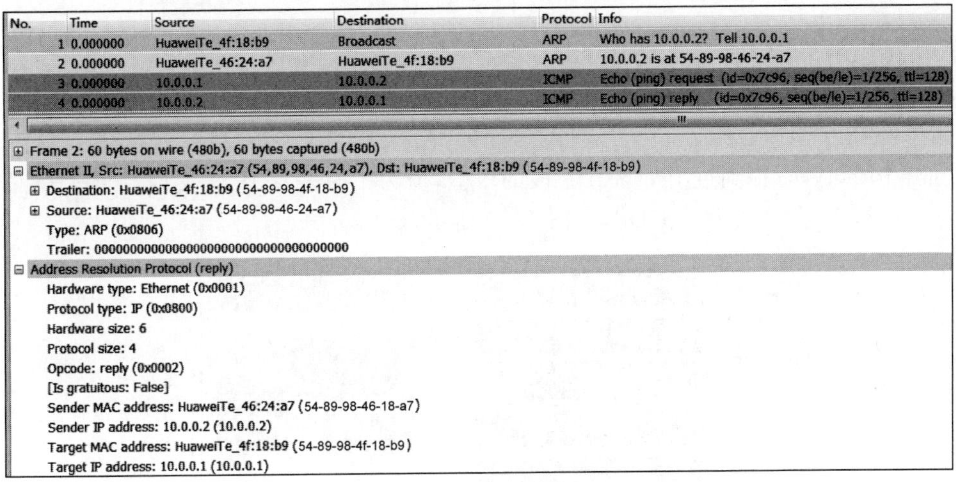

No.	Time	Source	Destination	Protocol	Info
1	0.000000	HuaweiTe_4f:18:b9	Broadcast	ARP	Who has 10.0.0.2? Tell 10.0.0.1
2	0.000000	HuaweiTe_46:24:a7	HuaweiTe_4f:18:b9	ARP	10.0.0.2 is at 54-89-98-46-24-a7
3	0.000000	10.0.0.1	10.0.0.2	ICMP	Echo (ping) request (id=0x7c96, seq(be/le)=1/256, ttl=128)
4	0.000000	10.0.0.2	10.0.0.1	ICMP	Echo (ping) reply (id=0x7c96, seq(be/le)=1/256, ttl=128)

```
⊞ Frame 2: 60 bytes on wire (480b), 60 bytes captured (480b)
⊟ Ethernet II, Src: HuaweiTe_46:24:a7 (54,89,98,46,24,a7), Dst: HuaweiTe_4f:18:b9 (54-89-98-4f-18-b9)
  ⊞ Destination: HuaweiTe_4f:18:b9 (54-89-98-4f-18-b9)
  ⊞ Source: HuaweiTe_46:24:a7 (54-89-98-46-24-a7)
    Type: ARP (0x0806)
    Trailer: 00000000000000000000000000000000000000
⊟ Address Resolution Protocol (reply)
    Hardware type: Ethernet (0x0001)
    Protocol type: IP (0x0800)
    Hardware size: 6
    Protocol size: 4
    Opcode: reply (0x0002)
    [Is gratuitous: False]
    Sender MAC address: HuaweiTe_46:24:a7 (54-89-98-46-18-a7)
    Sender IP address: 10.0.0.2 (10.0.0.2)
    Target MAC address: HuaweiTe_4f:18:b9 (54-89-98-4f-18-b9)
    Target IP address: 10.0.0.1 (10.0.0.1)
```

图 1.68　ARP 回应报文

主机通常是自动获取 IP 地址。由 DHCP 服务器统一分配 IP 地址,不会有 IP 地址冲突问题;如果有人手动设置 IP 地址就可能会出现 IP 地址冲突的情况。ARP 可以用来探测是否有 IP 地址冲突。通常主机在被分配了 IP 地址或者 IP 地址发生变更后,会立刻检测其所分配的 IP 地址在网络上是否是唯一的,以避免地址冲突。

如图 1.69 所示,主机 A 的 IP 地址是 10.0.0.1,此时用 ARP 报文假装请求 10.0.0.1 对应的 MAC 地址,如果收到 ARP 回应,就可以判定有其他主机用了 10.0.0.1 这个 IP 地址。这个机制也被称为免费 ARP。

本节介绍了 ARP 在协议栈中所处的位置以及 ARP 的应用场景,还详细介绍了 ARP 格式,学习重点是要掌握 ARP 格式内容。

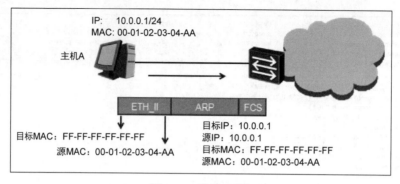

图 1.69　免费 ARP

练习题:

1. 主机在什么情况下会发出 ARP 请求?

2. ARP 缓存表最开始是空的,什么时候会更新?

3. ARP 回应报文是广播还是单播?

1.7　ICMP 原理

本节介绍 ICMP(Internet Control Message Protocol,因特网控制报文协议)。前面介绍 IP 头部结构的时候,提到过 Protocol 字段的取值,值为 1 时表示 IP 报文内是 ICMP,值为 6 时表示 TCP,值为 17 时表示 UDP,如图 1.70 所示。

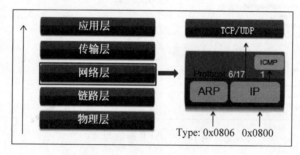

图 1.70　ICMP 所处的位置

同样是封装在 IP 报文内,ICMP 属于网络层协议,而 TCP/UDP 属于传输层协议。这是因为 TCP/UDP 带有端口号,而 ICMP 不带端口号。端口号的作用后面再详细介绍,这里先理解 ICMP 所处的位置。

ICMP 用来在网络设备间传递各种差错和控制信息,主要的功能有以下 3 项:

① 重定向;

② 错误报告;

③ 差错检测。

我们常用的 ping 命令就属于 ICMP 的差错检测功能。

1.7.1 重定向

如图 1.71 所示,主机 A 有两个网关,左边的网关是路由器 A,网关 IP 地址是 10.0.0.200,右边的网关是路由器 B,网关 IP 地址是 10.0.0.100,主机 A 配置的网关 IP 地址是 10.0.0.100。

① 主机 A 访问服务器 20.0.0.1,发现其属于不同网段,于是将报文发给网关 10.0.0.100;

② 路由器 B 收到这个报文后查询路由表,发现转发接口与接收接口相同,由此可以判断主机 A 的路由不是最优的,需要优化。于是路由器 B 发出一个 ICMP 重定向报文告诉主机 A,去往 20.0.0.1 的最优网关是 10.0.0.200;

③ 主机 A 收到这个重定向报文之后新增一个路由条目,下次访问服务器 20.0.0.1 时直接发给左边的网关 10.0.0.200。

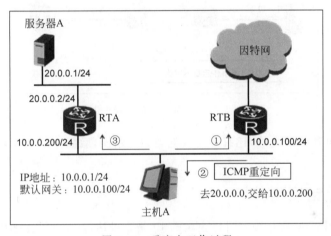

图 1.71 重定向工作过程

不仅路由器有路由表,主机也有路由表,如图 1.72 所示。

```
C:\Users\jwx370742>route print -4

IPv4 路由表
===========================================================================
活动路由:
网络目标          网络掩码              网关              接口       跃点数
        127.0.0.0          255.0.0.0          在链路上       127.0.0.1      306
        127.0.0.1    255.255.255.255          在链路上       127.0.0.1      306
  127.255.255.255    255.255.255.255          在链路上       127.0.0.1      306
     192.168.56.0      255.255.255.0          在链路上    192.168.56.1      276
     192.168.56.1    255.255.255.255          在链路上    192.168.56.1      276
   192.168.56.255    255.255.255.255          在链路上    192.168.56.1      276
        224.0.0.0          240.0.0.0          在链路上       127.0.0.1      306
        224.0.0.0          240.0.0.0          在链路上    192.168.56.1      276
  255.255.255.255    255.255.255.255          在链路上       127.0.0.1      306
  255.255.255.255    255.255.255.255          在链路上    192.168.56.1      276
===========================================================================
```

图 1.72 主机上的路由表

1.7.2 ICMP 错误报告

ICMP 定义了各种错误消息,用于诊断网络连接性问题。根据这些错误消息,源设备可以判断出数据传输失败的原因。

如图 1.73 所示,主机 A 的 IP 地址是 10.0.0.2,服务器 A 的 IP 地址是 20.0.0.1。主机 A 要发送报文给 20.0.0.1,但是发错了,发给了 20.0.0.3,这个报文先到路由器 A,然后到路由器 B,路由器 B 发现 20.0.0.0 网段和自己直连,那么就会查找 20.0.0.3 的 MAC 地址,但实际上 20.0.0.3 这个服务器不存在,查找失败,ARP 请求也没有回应。路由器 B 发现出错了,就会给主机 A 发送一个错误报告,错误的原因是目标不可达。

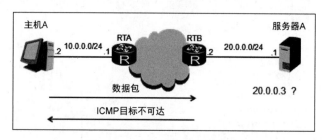

图 1.73 目标不可达错误报告

除了目标不可达错误之外,还有一些其他类型的错误,后面介绍 ICMP 结构的时候再具体说明。

1.7.3 差错检测

工作中经常用 ping 命令检测目标主机的 IP 是否可达,ping 命令包括 ping 请求和 ping 应答,实际上就是 ICMP 里的 Echo Request 和 Echo Reply,如图 1.74 所示。

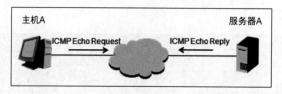

图 1.74 Echo Request 和 Echo Reply

如图 1.75 所示,路由器 A ping 路由器 B 的时候,TTL 值默认是 255,这个参数可以修改。实际上,ping 命令共有 5 个参数可以配置。在华为路由器上输入 ping ? 可以显示出该命令的所有参数及其含义。

例如,-c 表示指定发多少次 Echo Request,默认是 5 个,如果需要持续 ping,可以指定 1000 个或者更多,对应的命令是 ping -c 1000 10.0.0.2。其他参数也与此相似。

有时候用 ping 检测目标主机,发现不成功,那有没有办法知道问题具体在哪个点呢?如图 1.76 所示,主机 A ping 主机 B 失败,问题点在 RTA、RTB,还是 RTC?

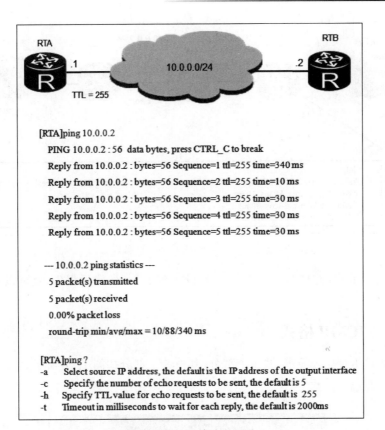

[RTA]ping 10.0.0.2

 PING 10.0.0.2 : 56 data bytes, press CTRL_C to break

 Reply from 10.0.0.2 : bytes=56 Sequence=1 ttl=255 time=340 ms

 Reply from 10.0.0.2 : bytes=56 Sequence=2 ttl=255 time=10 ms

 Reply from 10.0.0.2 : bytes=56 Sequence=3 ttl=255 time=30 ms

 Reply from 10.0.0.2 : bytes=56 Sequence=4 ttl=255 time=30 ms

 Reply from 10.0.0.2 : bytes=56 Sequence=5 ttl=255 time=30 ms

 --- 10.0.0.2 ping statistics ---

 5 packet(s) transmitted

 5 packet(s) received

 0.00% packet loss

 round-trip min/avg/max = 10/88/340 ms

[RTA]ping ?

-a Select source IP address, the default is the IP address of the output interface

-c Specify the number of echo requests to be sent, the default is 5

-h Specify TTL value for echo requests to be sent, the default is 255

-t Timeout in milliseconds to wait for each reply, the default is 2000ms

图 1.75 ping 命令的用法

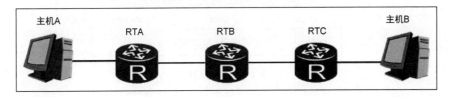

图 1.76 故障点在哪

  这种情况下可以用 Tracert 命令。Tracert 命令用的也是 ICMP Echo Request 和 Echo Reply，与 ping 功能不同的是：ping 命令的 TTL 默认是 255，每个报文都是 255；Tracert 命令的 TTL 是递增的，第 1 个报文 TTL＝1，第 2 个 TTL＝2，第 3 个 TTL＝3，直到目标主机正确回复，如图 1.77 所示。

  RTA 的第 1 个 Echo Request，TTL＝1，到达 RTB 后，TTL 变成 0，RTB 会丢弃这个报文，丢弃的同时会往 RTA 发送一个 ICMP 错误报告，RTA 收到这个错误报告时可以得到 RTB 的接口地址 10.0.0.2。

  RTA 接着发第 2 个 Echo Request，TTL＝2，到达 RTC 之后，TTL 变成 0，RTC 将其丢弃并发送错误报告，RTA 获得第 2 跳的 IP 地址 20.0.0.2，以此类推。

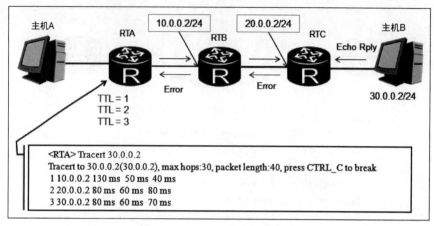

图 1.77　Tracert 命令工作过程

如果收到了 RTB 的错误报告返回,但是没收到 RTC 的错误报告,就可以判断 RTC 即为故障点。

1.7.4　ICMP 格式

ICMP 格式相对比较简单,共 4 个部分,其中 3 个部分如图 1.78 所示。

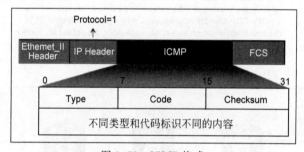

图 1.78　ICMP 格式

Type 和 Code 不同取值标识不同的 ICMP 报文,如图 1.79 所示。

类型	编码	描述
0	0	Echo Reply
3	0	网络不可达
3	1	主机不可达
3	2	协议不可达
3	3	端口不可达
5	0	重定向
8	0	Echo Request

图 1.79　Type 和 Code 不同取值标识不同报文

Checksum:ICMP 各个字段的校验和。

第 4 部分根据不同的类型和代码其内容有所不同,如重定向,这里会填重定向的路由信息。Echo Request 也可以带不同的参数,如 ping 的时候可以指定源 IP、TTL 等,这些参数都在这个字段里。

本节介绍了 ICMP 协议在 TCP/IP 协议栈中所处的位置,以及 ICMP 的 3 个主要功能,最后还介绍了 ICMP 协议报文格式。

本节的学习重点是理解 ICMP 3 个功能的应用场景,并掌握 ping 和 Tracert 的用法。

1.8 传输层 TCP/UDP

按 TCP/IP 由下往上的顺序,这一节讲解传输层协议相关的内容,如图 1.80 所示。传输层最为常见的两个协议是传输控制协议(Transmission Control Protocol,TCP)和用户数据报协议(User Datagram Protocol,UDP)。下面讲解传输层协议工作原理和报文结构。

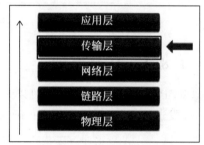

图 1.80 按由下往上的顺序学习协议栈

实际应用中,用户经常用计算机同时做多件事情,例如浏览网页、收邮件、用 Telnet 登录设备、看在线电影等。同样的,服务器也会同时提供多种服务,例如可以支持用户 FTP 登录,同时还可以提供网页浏览服务。

服务器收到不同请求的时候,是怎么区分这些不同业务的呢?单单靠 IP 地址明显是不够的,如图 1.81 所示。

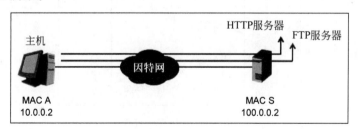

图 1.81 服务器如何区分不同的业务报文

此时需要用另外一个参数标识各种不同的业务报文,这个参数就是端口号。像 IP 地址一样,端口号也分源端口号和目标端口号,如图 1.82 所示。

传输层有两个常用协议,TCP 和 UDP,这两个协议有什么区别呢?

TCP:用于可靠传输,例如文件传输、协议传输,如果出现丢包就会导致所有数据不可用,或者协议出错。TCP 会检测丢包,如果发现丢包就重传。

UDP:用于即时传输,例如语音、视频,如果出现丢包不会有太大影响。重传没有意义,语音播放完了,报文再重传过来也用不上了。

下面具体介绍 TCP 和 UDP。

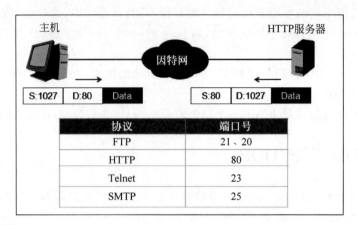

图 1.82　常用的端口号

1.8.1　TCP 原理

TCP 作为传输控制协议,可以为主机提供可靠的数据传输。为了确保传输的数据不会丢失,发送数据前,双方需要进行确认,确认过程称为 3 次握手,具体过程如图 1.83 所示。

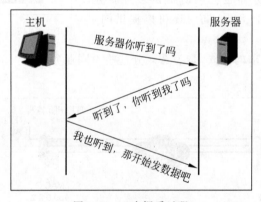

图 1.83　3 次握手过程

3 次握手成功之后,TCP 连接建立完成,就可以开始发送数据了。发送方发送数据的时候将每个数据包按顺序编号,例如 1、2、3、4 依次递增,接收方收到对应数据包需要进行回应,回应的时候也用编号表示,例如 1、2、3、4,告诉发送方我收到了哪些包。

如图 1.84 所示,发送方发了 4 个报文,编号 1、2、3、4,接收方回应了 3 个报文,编号 1、2、4,发送方发现接收方没有对 3 号报文进行确认,表示 3 号报文没收到,就会进行重新发送。

因此,发送方将报文发出后不能马上将其删除,要放到缓存里,如果对方没有确认就进行重发。相应的,接收方收到报文之后也需要放到缓存,例如收到了 3、4 号报文,但是没有收到 2 号,这样的数据提交给应用层就会出错,必须等到前面报文到齐了才能往下进行。实际应用中 TCP 是会消耗计算机缓存资源的,缓冲区大小可以进行设置。

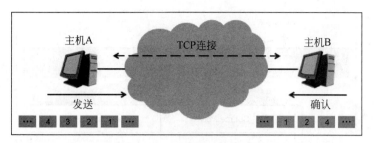

图 1.84　TCP 发送和接收确认过程

图 1.84 描述的数据发送过程是一个基本模型,实际上数据发送是双向的,为了提高效率,确认编号和数据编号包含在同一个数据包中。如图 1.85 所示,假设主机 A 先发,当前数据包序号是 11,确认序号 50,表示主机 A 已经收到主机 B 之前发的序号 49 的数据包,希望下一个收到的数据包序号是 50。主机 B 收到这个报文之后,发送一个数据报文,数据序号是 50,确认序号 12,表示已经收到主机 A 发的序号 11 的数据包,希望下一个收到的数据包序号是 12。

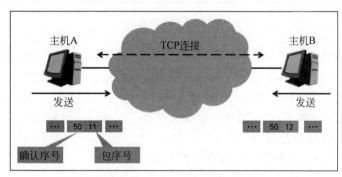

图 1.85　包序号和确认序号

下面看一下 TCP 的具体格式。如图 1.86 所示,IP 头部 Protocol 字段为 6 表示内部数据是 TCP 数据,TCP 头部和 IP 头部有点类似,也是 20B 的固定字段,还有尾部可选项,最长 60B。

Source Port:16 位源端口号,指发送方的端口号,可以取 1024~65 535 之间的随机值,因为 1~1023 通常用于标准端口号,如 HTTP 的标准端口号是 80。

Destination Port:16 位目标端口号,不同服务用不同端口号,如 HTTP 是 80。

Sequence Number:32 位自己当前报文的序列号,从一个随机值开始,依次递增,例如 1203,1204,1205,…,这个编号不一定从 1 开始。

Acknowledge Number:32 位确认序列号,标识当前收到的报文编号,取值是收到报文的编号+1,例如收到的最后一个报文编号是 1454,那么当前值填 1454+1=1455。

Header Length:4 位头部长度,包含填充字段之后的长度。单位是 4B,可以算出头部最长 60B。

Resv.:6 位保留字段,值全置为 0。

下面介绍 6 个标志位:

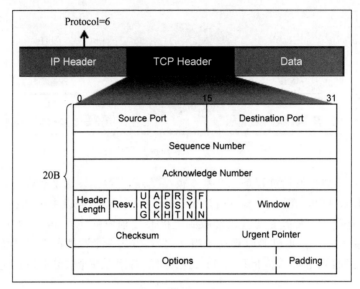

图 1.86　TCP 格式

URG：紧急标志位，置"1"有效，配合后面的 Urgent Pointer(紧急指针)，用来指向需要紧急处理的参数。如果 URG 置"0"，Urgent Pointer 无意义，直接填充。

ACK：确认标志位，表示 Acknowledge Number 这个字段有效，大部分情况下都置"1"。

PSH：推标志位，如果置"1"，当前数据报文不进入缓存，直接提交应用层处理，例如 Telnet 的报文中，PSH 总是置"1"。

RST：重置标志位，如果置"1"，将会重置当前 TCP 连接。

SYN：同步标志位，只在建立 TCP 连接 3 次握手过程中置"1"。

FIN：关闭标志位，用于关闭 TCP 连接，与建立 TCP 连接类似，关闭 TCP 连接也要经过握手过程。

Window：16 位，单位是字节，最大 65 535B。接收端收到报文之后要先放到缓存区，等待所有报文都被确认之后才能交给应用层，Window 字段表示的就是接收端缓存区的大小。

Checksum：头部校验和。

Urgent Pointer：配合 URG 标志位使用。

如图 1.87 所示，TCP 3 次握手过程中标志位和序列号的应用：

第一次握手：主机发同步报文给服务器，SYN 标志位置"1"，报文编号 a；

第二次握手：服务器发同步＋回应给主机，SYN 置"1"，ACK 置"1"，报文序列号 b，回应序列号 a＋1；

第三次握手：主机发回应给服务器，ACK 置"1"，报文序列号 a＋1，回应序列号 b＋1。

注意：a、b 是随机值，不是从 1 开始编号的，后续的序列号都是在 a、b 基础上递增。

TCP 发送数据的时候，如果对每一个数据包进行确认效率会比较低，为了提高效率，发送方通常连续发几个数据包，接收方只对最后一个数据包进行确认即可，如果发现某个数据包丢失，接收方需要通知发送方重新发送。

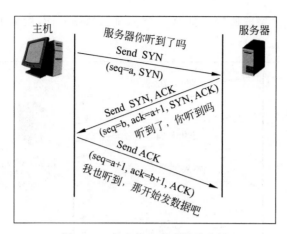

图 1.87　标志位和序列号的应用

　　如图 1.88 所示,主机连续发送 3 个数据包,编号分别是 101、102、103,服务器收到之后发确认号 104,表示已经收到前面的数据包了,下一个希望收到的是 104。接着主机再发送104、105、106,但是 104 在发送过程中丢失了,服务器没收到 104,再发一次确认号 104,主机重新发送 104、105、106。

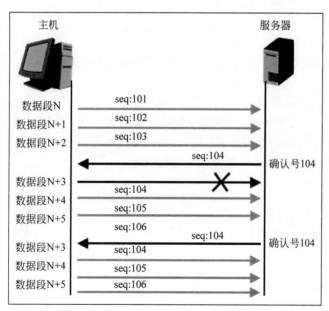

图 1.88　TCP 数据发送和确认过程

　　在上面例子中,主机一次性发了 3 个数据包,这个数据包是不是一次性发越多越好呢?实际上这里是有约束条件的,因为这些数据包需要放到缓存里,会占用系统资源,资源不足的时候 TCP 会自动进行流量控制。

　　如图 1.89 所示,最开始主机发 4 个数据包给服务器,服务器缓存满了,最后一个被丢弃,服务器通过 Window 字段通知主机 A 一次只能接收 3072B,后面主机就会调整发送数据包的数量,避免重传。

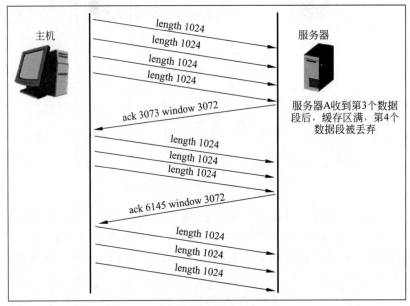

图 1.89 TCP 流量控制过程

　　TCP 数据发送完成之后,需要关闭 TCP 连接,从而释放相关资源,关闭过程要进行 4 次握手。

　　如图 1.90 所示,主机将 FIN 置"1",告诉服务器我可以关闭了,服务器收到之后进行回应,然后主机释放发送缓存区,但是不能马上释放接收缓存区,因为服务器可能还有数据没发完。服务器数据发完后,将 FIN 置"1",告诉主机,服务器也要关闭了,主机进行回应。4 次握手之后,主机和服务器才可以释放所有的资源。

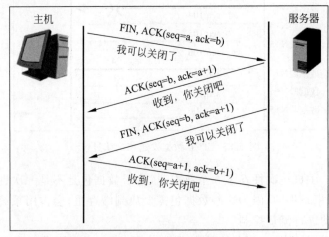

图 1.90 TCP 关闭过程

1.8.2　UDP 原理

如果应用程序对传输的可靠性要求不高,但是对传输速度和延迟要求较高,如语音和视频通信等实时传输,可以使用 UDP。UDP 将数据从源端发送到目标端时,无须事先建立连接。

如图 1.91 所示,UDP 报文分为 UDP 报文头和 UDP 数据区域两部分。报文头由源端口、目标端口、报文长度以及校验和组成。相比于 TCP,UDP 的传输效率更高、开销更小,但是无法保障数据传输的可靠性。

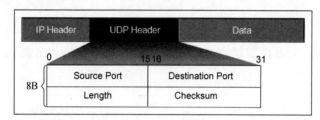

图 1.91　UDP 结构

如图 1.92 所示,主机 A 发送数据包时,以有序的方式发送,每个数据包独立地在网络中被传送,不同的数据包可能会通过不同的网络路径到达主机 B,因此先发送的数据包不一定先到达主机 B。

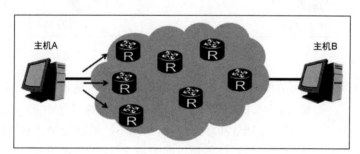

图 1.92　UDP 数据转发过程

因为 UDP 数据包没有序号,主机 B 将无法通过 UDP 将数据包按照原来的顺序重新组合,所以此时需要应用程序提供报文的到达确认、排序和流量控制等功能。通常情况下,UDP 采用实时传输机制和时间戳来传输语音和视频数据。

UDP 不提供重传机制,占用资源小,处理效率高。

1.8.3　小结

本节介绍了传输层的两个常用协议 TCP 和 UDP,首先对比了 TCP 和 UDP 的差异,以及二者不同的应用场景,接着重点介绍 TCP 的工作机制和报文结构,最后介绍了 UDP 的报文结构和应用场景。

本节重点内容是 TCP 建立连接时的 3 次握手过程,以及相应的标志位、序列号的应用;数据发送过程中如何提高效率,如何检测丢包并重传,以及 TCP 流量控制机制;关闭 TCP 连接时为什么要 4 次握手。

1.9 数据转发过程

前面详细介绍了 TCP/IP 的物理层、链路层、网络层、传输层的工作原理和协议结构,这一节把前面讲的内容串起来,具体介绍如何将一个数据包进行一步步封装和解封装,以及在网络上转发。

如图 1.93 所示,网络左边有 2 台主机,右边有 2 台网站 Web 服务器,主机和服务器处于不同网段,中间有 2 个路由器作为网关。假设主机 A 要访问服务器 A,报文是如何逐层封装的?

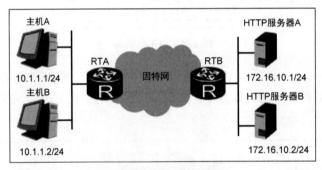

图 1.93 简单网络拓扑

如图 1.94 所示,应用层的数据由上往下封装,首先进行传输层封装。HTTP 服务基于 TCP,首先封装 TCP 头部,目标端口号 80 是标准端口号,源端口号 1027 是随机端口号,取值范围是 1024~65 535。报文序列号和标志位等内容,不同阶段的报文有不同取值,如建立 TCP 连接阶段,SYN 标志位置"1",具体内容可参考前文,这里不再重复。

接下来封装网络层头部,如图 1.95 所示,Version 字段如果是 IPv4 就取值 4;Header Length 一般取值 20;上网业务报文的 DS Field 通常取值 0,低优先级;Total Length 跟具体数据报文长度有关;分片相关的 3 个字段正常填写;Identification 有具体编号;Flags 取值 0;Offset 取值 0,表示没有分片;TTL 取默认值 255 或者 128;Protocol 取值 0x06,表示传输层封装的是 TCP;Header Checksum 是由主机根据特定算法计算出的一串校验和;源 IP 地址是主机 A 的 IP 地址 10.1.1.1;目标 IP 地址是服务器 A 的 IP 地址 172.16.10.1;Options 字段通常不填。

然后封装链路层,主机 A 首先判断目标 IP 地址和自己是否处于同一个网段,通过掩码计算发现是不同网段,因此要交给网关转发。如图 1.96 所示,通过查路由表发现,默认网关 IP 地址是 10.1.1.254。

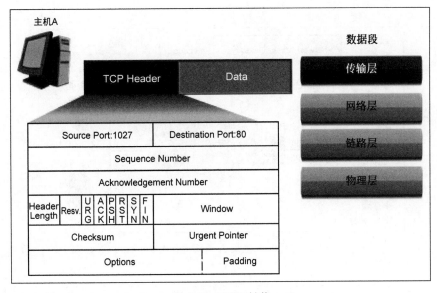

图 1.94 TCP 封装

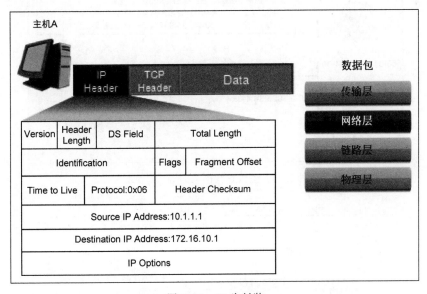

图 1.95 IP 头封装

如图 1.97 所示，主机 A 得到网关 IP 地址之后，通过查找 ARP 缓存表获得网关对应的 MAC 地址 00-01-02-03-04-08；如果查不到，就发 ARP 报文去请求 10.1.1.254 对应的 MAC 地址。

如图 1.98 所示，链路层封装的目标 MAC 地址是网关的 MAC 00-01-02-03-04-08，源 MAC 地址是主机 A 的 MAC 00-01-02-03-04-05，Type 填 0x0800，表示里面是 IP 报文。IP 头和 TCP 头在网络设备转发过程中一直保持不变，只有以太网头部会逐跳改变。

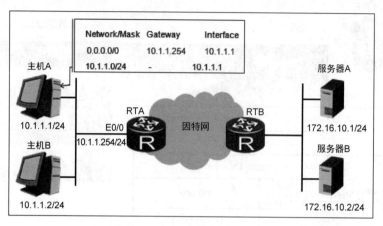

图 1.96　主机 A 的网关是 RTA

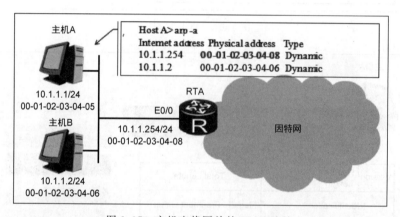

图 1.97　主机查找网关的 MAC 地址

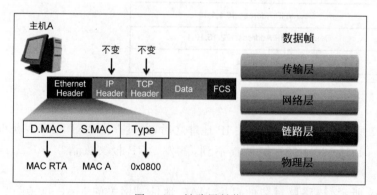

图 1.98　链路层封装

　　主机 A 封装好以太网帧之后将其发到物理介质上去,RTA 和主机 B 都会收到这个帧,通过比较目标 MAC 地址,主机 B 会将其丢弃,RTA 会继续处理。如图 1.99 所示,去掉以太网头部之后,RTA 处理 IP 头部,得到目标 IP 地址 172.16.10.1,再查路由表得到接口 IP 地址 10.214.41.2。

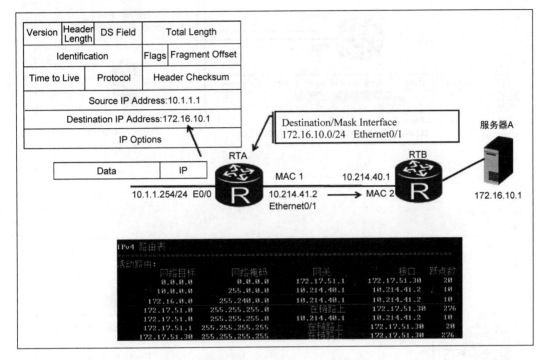

图 1.99　RTA 路由表匹配

　　RTA 接着会将数据从 Ethernet 0/1 接口发给下一跳 10.214.40.1,与主机 A 一样,它需要获得 10.214.40.1 对应的 MAC 地址,先查 ARP 缓存表,如果没查到就发 ARP 报文,最终获得 RTB 接口的 MAC 地址。

　　获得目标 MAC 地址之后,RTA 封装以太网头部,然后转发给 RTB,RTB 会接收并处理这个以太网帧,因为其目标 MAC 地址就是 RTB 接口的 MAC 地址。

　　如图 1.100 所示,和 RTA 的处理过程类似,RTB 通过查路由表和 ARP 缓存表获得服务器 A 的 MAC 地址,然后封装以太网帧发送给服务器 A。

　　服务器 A 收到这个以太网帧之后,通过以太网头部的 Type 字段 0x0800 判断这是 IP 报文。如图 1.101 所示,服务器 A 拆掉以太网头部,还原 IP 头部结构。

　　然后服务器 A 通过 Protocol 字段的值 0x06 判断 IP 包内数据是 TCP 报文。如图 1.102 所示,服务器 A 通过目标端口号 80 可以判断 TCP 包内是 HTTP 应用程序的数据,最终将数据交给 HTTP 应用程序处理。

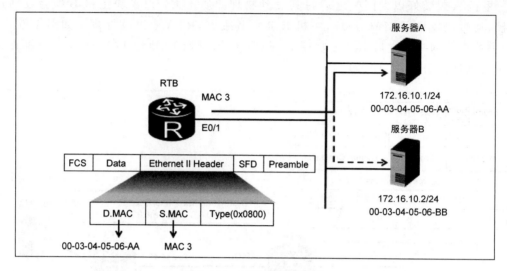

图 1.100　RTB 的转发过程

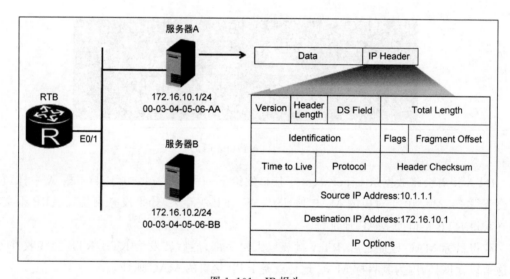

图 1.101　IP 报头

　　从图 1.102 的转发流程可以看到，主机发出来的报文，在网络传输过程中只有以太网头部 MAC 地址会变化，里面的 IP 头和 TCP 头部一直保持不变。

　　服务器 A 和主机 A 的数据发送是双向的，服务器 A 发往主机 A 方向的封装和解封装过程与前述过程类似，只不过是目标端口号和目标 IP 换成主机的信息。不论是主机发的还是服务器发的报文，对网络设备来说完全一样，处理方式也一样。

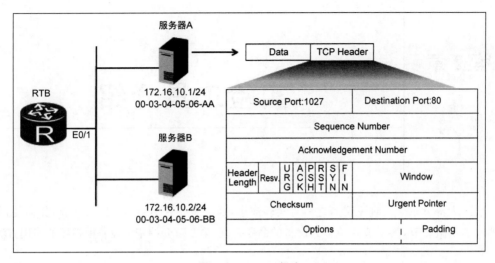

图 1.102 TCP 报头

　　以上是第 1 章的全部内容,本章主要介绍了 TCP/IP 的工作原理和报文结构,这是学习网络知识的基础,也是重点内容。

第 2 章

实验工具介绍

后续大部分章节在理论讲解之后有实验演示,因此需要先学习如何输入命令、如何使用模拟器。本章共 2 节,第 1 节介绍华为设备的命令系统,第 2 节介绍华为设备模拟器的使用方法。

2.1 VRP 系统介绍

VRP(Versatile Routing Platform,通用路由平台)是华为公司数据通信产品的通用操作系统平台。如图 2.1 所示,PC 机用 Windows 操作系统,手机用 Android 或者 iOS 系统,华为网络设备用 VRP 操作系统。

图 2.1　各种设备的操作系统

VRP 是华为通用操作系统平台,如图 2.2 所示,交换机、路由器、防火墙、WLAN 等网络设备都使用 VRP 操作系统,命令格式保持统一。

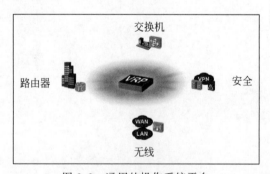

图 2.2　通用的操作系统平台

　　VRP 有多个版本,如图 2.3 所示,VRP5 是当前主流版本,绝大部分设备都用这个版本,VRP1、VRP2、VRP3 目前基本不再使用,高端设备用 VRP8,例如 CE 交换机。

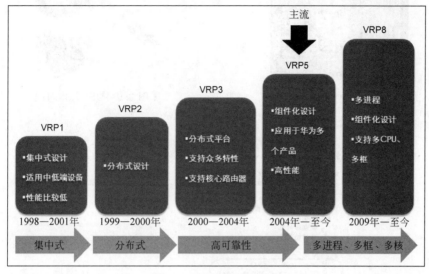

图 2.3　VRP 的不同版本

2.1.1　登录设备

　　网络设备都有 Console 口,并且旁边有字样标识,如图 2.4 所示,计算机可以通过串口连接并登录设备,进入命令行。

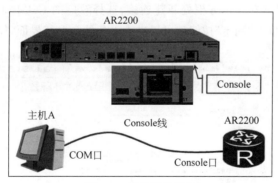

图 2.4　登录网络设备

　　台式 PC 机通常带有串口接头,如图 2.5 所示。

　　笔记本计算机没有这个接头,此时必须通过 USB 转串口线转接一下才能连接设备的 Console 口,如图 2.6 所示。

　　USB 头连接计算机,通常还需要安装对应的驱动才可以正常使用。购买串口转接线的时候会附带驱动软件,安装驱动之后,计算机会自动添加 COM 口,打开控制面板→设备管理器,可以看到 COM 口信息,如图 2.7 所示。

图 2.5 台式 PC 机的串口接头

图 2.6 USB 转串口线

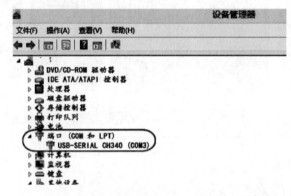

图 2.7 计算机 COM 口信息

硬件连线完成之后,在计算机上打开超级终端工具软件,如图 2.8(a)所示,使用 IPOP 软件,选择"终端工具",单击左上角方框处新建连接,选择对应的 COM 口,波特率选择 9600,其他参数保持不变,最后单击"确定"按钮就可以进入设备的命令行界面,如图 2.8(b)所示。

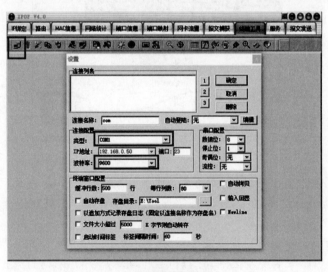

(a) IPOP 软件设置

图 2.8

（b）设备命令行界面

图 2.8 （续）

2.1.2　命令视图

华为设备有 4 种命令视图，如图 2.9 所示，在不同的视图可以进行不同的操作。

图 2.9　命令视图

用户视图：登录系统的默认视图就是用户视图，如图 2.10 所示，命令提示符是〈设备名〉。用户视图下不能配置业务，只能做一些基础操作，如 ftp、save、ping、Telnet。

```
<Huawei>ping 127.0.0.1
  PING 127.0.0.1: 56  data bytes, press CTRL_C to break
    Reply from 127.0.0.1: bytes=56 Sequence=1 ttl=255 time=1 ms
    Reply from 127.0.0.1: bytes=56 Sequence=2 ttl=255 time=1 ms
    Reply from 127.0.0.1: bytes=56 Sequence=3 ttl=255 time=1 ms
    Reply from 127.0.0.1: bytes=56 Sequence=4 ttl=255 time=30 ms
    Reply from 127.0.0.1: bytes=56 Sequence=5 ttl=255 time=30 ms

  --- 127.0.0.1 ping statistics ---
    5 packet(s) transmitted
    5 packet(s) received
    0.00% packet loss
    round-trip min/avg/max = 1/12/30 ms
```

图 2.10　用户视图

系统视图：用户视图下，输入命令 system-view，进入系统视图，如图 2.11 所示，命令提示符是[设备名]。系统视图下可以配置全局相关的命令，如创建 VLAN、配置 OSPF、配置 BGP 等。使用 quit 命令可以退回到上一层。

```
<Huawei>
<Huawei>system-view
Enter system view, return user view with Ctrl+Z.
[Huawei]vlan 5
[Huawei-vlan5]quit
[Huawei]ospf
[Huawei-ospf-1]
[Huawei-ospf-1]quit
[Huawei]bgp 200
[Huawei-bgp]
[Huawei-bgp]quit
[Huawei]
```

图 2.11　系统视图

接口视图：系统视图下,输入 interf,进入接口视图,如图 2.12 所示,命令提示符是[设备名-接口编号],接口模式下可以配置和接口相关的参数,例如接口类型、接口 VLAN、接口 IP 等。

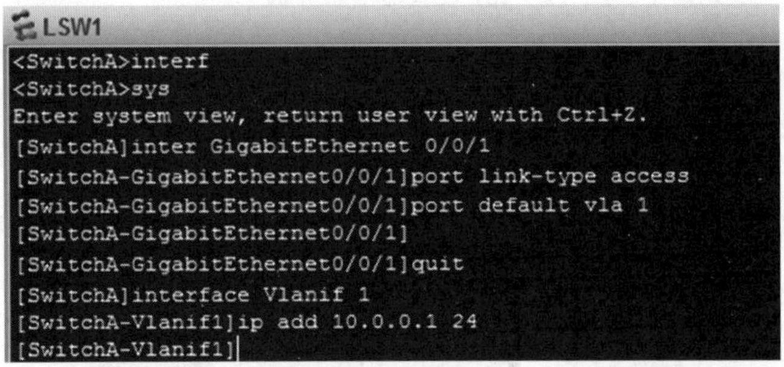

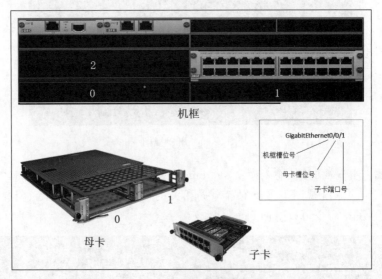

图 2.12　接口模式

图中接口编号 GigabitEthernet0/0/1 表示什么呢? 首先 GigabitEthernet 表示接口是 GE 口,也就是接口最大速率是 1Gb/s。除了 GE 口,还有 Ethernet 口,接口最大速率是 100Mb/s。

如图 2.13 所示,华为设备支持插卡,有些插卡还支持子卡,子卡上还有多个端口,每个地方都需要编号,编号从 0 开始。

图 2.13　接口编号规则

有些设备没有插卡,或者母卡没有子卡,为保持编号规则统一,没插槽就默认编号为 0。

协议视图：系统视图下,输入协议名称,进入协议视图,如图 2.14 所示,命令提示符是 [设备名-协议]。OSPF 协议视图下,可以配置 OSPF 协议相关的参数。其他的协议与此类似,例如 BGP、MPLS 等。

```
[SwitchA]
[SwitchA]ospf
[SwitchA-ospf-1]area 1
[SwitchA-ospf-1-area-0.0.0.1]network 10.0.0.0 255.0.0.0
[SwitchA-ospf-1-area-0.0.0.1]quit
[SwitchA-ospf-1]quit
[SwitchA]
[SwitchA]acl 2000
[SwitchA-acl-basic-2000]rule 5 deny source any
[SwitchA-acl-basic-2000]
```

图 2.14 协议视图

各个视图之间的切换关系如图 2.15 所示。

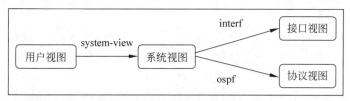

图 2.15 视图之间的切换关系

用 quit 命令退回到上一级视图,用 return 命令直接回到用户视图。例如接口视图下,quit 命令回到系统视图,再次输入 quit 命令退回到用户视图,也可以在接口视图下输入 return 命令直接回到用户视图。

2.1.3 用户命令等级

实际应用中经常有不同身份的人需要登录设备,例如系统管理员需要配置业务、升级设备等,现场操作员需要查看设备状态、检查链路状态等。不同人员技能掌握情况不一样,为了保证业务安全,可以给他们分配不同的操作权限。

用户通过 telnet 登录设备时,通过配置不同命令等级控制权限。华为设备的权限共分4 级,如图 2.16 所示。

用户等级	命令等级		名称
0	0	访问级	ping, telnet, tracert
1	0 and 1	监控级	Display查看类
2	0,1 and 2	配置级	业务配置类
3~15	0,1,2 and 3	管理级	系统升级类

图 2.16 华为设备 4 个权限等级

Console 登录默认是 3 级最高权限。

如图 2.17 所示,可以通过图中命令配置用户和对应权限等级。vty 指的是虚拟终端接口,实际上就是 telnet,vty 0 4 表示 0、1、2、3、4 共 5 个 telnet 用户可以同时登录。

```
[Huawei]user-interface vty 0 4    #指定5个telnet用户可以同时登录
[Huawei-ui-vty0-4]authentication-mode aaa  #用户名/密码认证
[Huawei-ui-vty0-4]quit

[Huawei]aaa    #配置用户名/密码
[Huawei-aaa]local-user huawei password cipher huawei123
Info: Add a new user.
[Huawei-aaa]local-user huawei privilege level 1 #用户等级为1级
[Huawei-aaa]local-user huawei service-type telnet #开通telnet权限
```

图 2.17　配置 telnet 用户和对应权限等级

　　authentication-mode aaa 用来指定 telnet 登录的时候要输入用户名和密码；另外还有一种方式是 password，只要求密码，不需要用户名。实际应用中都是用 aaa 模式，不同人使用不同账号，方便分配权限。

　　local-user huawei，用于在设备本地创建一个用户，用户名是 huawei，这个用户名密码存储在当前设备；另外还有一种存储方式是将用户名密码存储在专门的服务器上，如 RADIUS 服务器，这种方式这里不做具体介绍。password cipher huawei123，用于给 huawei 这个用户设置登录密码为 huawei123。cipher 指的是将密码进行加密，使其不能通过 display 查看；如果用 display 查看，显示出来的将是一串乱码，如♯￥＊ki＊（。

　　local-user huawei service-type telnet 用来给 huawei 这个用户开通 Telnet 权限，除了 Telnet，还有 FTP、SSH、HTTP 等其他服务。

2.1.4　命令行常用技巧

　　输入命令的时候使用一定的技巧可以提高效率，如图 2.18 所示。计算机上面不同的方向键有不同功能，左右键控制光标位置，上下键可以翻看历史命令；Tab 键可以补全命令，输入命令前面一部分，按 Tab 键可以补全。

命令	功能
Backspace	删除光标左边的第一个字符
←	光标左移一位
→	光标右移一位
↑	翻到上一个命令
↓	翻到下一个命令
Tab	输入一个不完整的命令并按Tab键，就可以补全该命令

```
[Huawei]inter    //TAB
[Huawei]interface
```

图 2.18　命令快捷键

　　如果对命令非常熟悉，不用输入完整命令也可以直接按回车键，如图 2.19 所示，用户视图进入系统视图需要输入命令 system-view，但是输入 sys 直接按回车键也可以。需要注意的是,必须保证简写部分的唯一性,如果输入 s 就直接按回车键会提示错误,因为还有其他命令也是 s 开头的,系统无法判断你想输入的具体是哪个命令。

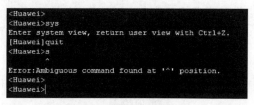

图 2.19 简易命令输入

如果对命令行不熟悉,还可以使用帮助系统,如图 2.20(a)和(b)所示。直接输入"?"可以列出当前视图下所有可用的命令。有时候记得部分命令字,但是后面参数不记得,可以把前面部分输入进去,后面跟着"?",例如 display?,系统会将 display 支持的所有参数都列出来。输入 d? 会将以 d 开头的所有命令列出来。

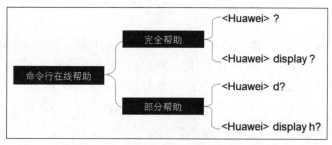

(a) 命令行帮助系统概览

```
<Huawei>?
User view commands:
  cd              Change current directory
  check           Check information
  clear           Clear information
  clock           Specify the system clock
  cluster         Run cluster command
  cluster-ftp     FTP command of cluster
  compare         Compare function
  configuration   Configuration interlock
  copy            Copy from one file to another
  debugging       Enable system debugging functions
<Huawei>
<Huawei>display ?
  aaa                           AAA
  access-user                   User access
  accounting-scheme             Accounting scheme
  acl                           Acl status and configuration information
  alarm                         Alarm
  anti-attack                   Specify anti-attack configurations
  arp                           Display ARP entries
  arp-limit                     Display the number of limitation
  arp-miss                      ARP-miss message
  authentication-scheme         Authentication scheme
  authorization-scheme          Display AAA authorization scheme
  auto-defend                   Auto defend
<Huawei>d?
  debugging                     delete
  dir                           display
<Huawei>display h?
  history-command               hwtacacs-server
```

(b) 命令行帮助系统实例

图 2.20

2.1.5　VRP 文件系统

如图 2.21 所示,网络设备与计算机类似,也有 CPU、硬盘、内存。系统软件和配置文件存放在 Flash 里,设备上电之后,CPU 会将 Flash 里的系统软件和配置文件读取到内存中运行。

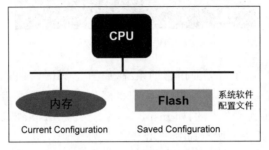

图 2.21　网络设备硬件结构

内存里的配置文件叫 Current Configuration,Flash 里的配置文件叫 Saved Configuration,设备刚上电启动的时候,Flash 里的配置文件和内存里的配置文件完全一样。

如果输入一些命令进行设备配置,这些命令的结果会存放在 Current Configuration 里,但是不会自动同步到 Flash,此时如果设备掉电会导致配置丢失,要想保存配置,可以通过 save 命令将内存里的配置同步到 Flash,如图 2.22 所示。

```
<Huawei>save
 The current configuration will be written to the device.
 Are you sure to continue? (y/n)[n]:y
 It will take several minutes to save configuration file, please
 wait...............
 Configuration file had been saved successfully
 Note: The configuration file will take effect after being activated
```

图 2.22　保存系统配置

可以通过命令查询当前配置和 Flash 的配置,如图 2.23 所示。

功能	命令
显示当前配置文件	display current-configuration
显示保存的配置文件	display saved-configuration

```
<Huawei>display current-configuration
#
<Huawei>display saved-configuration
#
```

图 2.23　查询配置

VRP 有自己的文件系统,常用的文件操作命令如图 2.24 所示。

功能	命令
查看当前目录	pwd
显示当前目录下的文件信息	dir
查看文本文件的具体内容	more
修改用户当前界面的工作目录	cd
创建新的目录	mkdir
删除目录	rmdir
复制文件	copy
移动文件	move
重命名文件	rename
删除/永久删除文件	delete/unreserved
恢复删除的文件	undelete
彻底删除回收站中的文件	reset recycle-bin

图 2.24 文件操作命令

有时候想将设备的所有配置恢复为出厂配置,可以先将 Flash 里的配置 reset,然后设备重启之后就会恢复出厂配置,如图 2.25 所示。

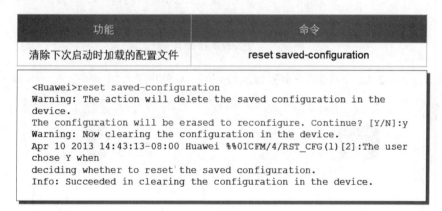

功能	命令
清除下次启动时加载的配置文件	**reset saved-configuration**

```
<Huawei>reset saved-configuration
Warning: The action will delete the saved configuration in the
device.
The configuration will be erased to reconfigure. Continue? [Y/N]:y
Warning: Now clearing the configuration in the device.
Apr 10 2013 14:43:13-08:00 Huawei %%01CFM/4/RST_CFG(l)[2]:The user
chose Y when
deciding whether to reset the saved configuration.
Info: Succeeded in clearing the configuration in the device.
```

图 2.25 恢复出厂配置

2.1.6 系统升级

在设备日常维护过程中,有时候需要升级系统版本,或者备份/恢复配置文件,此时可以用 FTP 或者 TFTP 上传/下载文件。如图 2.26 所示,FTP 需要用户名密码,TFTP 不需要用户名密码,通常用 FTP 方式。

下面介绍通过 FTP 方式升级系统。

步骤 1:配置接口 IP 地址,确保 IP 地址可达,如图 2.27 所示。

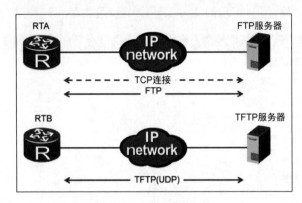

图 2.26　FTP 和 TFTP

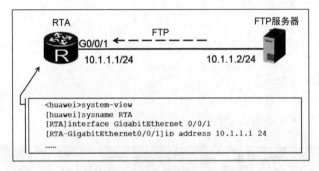

图 2.27　配置设备接口 IP 地址

步骤 2：登录 FTP 服务器，下载系统文件，如图 2.28 所示。

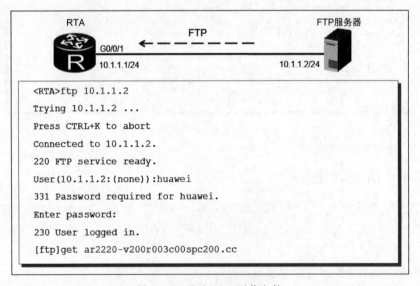

图 2.28　通过 FTP 下载文件

步骤 3：设置下次启动使用的系统文件,如图 2.29 所示。

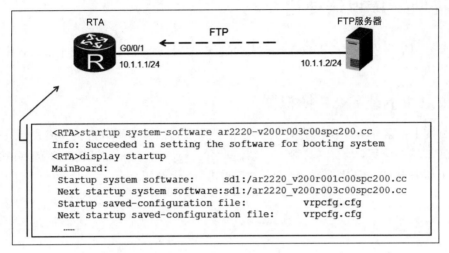

```
<RTA>startup system-software ar2220-v200r003c00spc200.cc
Info: Succeeded in setting the software for booting system
<RTA>display startup
MainBoard:
 Startup system software:         sd1:/ar2220_v200r001c00spc200.cc
 Next startup system software:sd1:/ar2220_v200r003c00spc200.cc
 Startup saved-configuration file:          vrpcfg.cfg
 Next startup saved-configuration file:     vrpcfg.cfg
 ......
```

图 2.29 设置下次启动文件

步骤 4：重启设备,让新版本的软件生效,如图 2.30 所示。

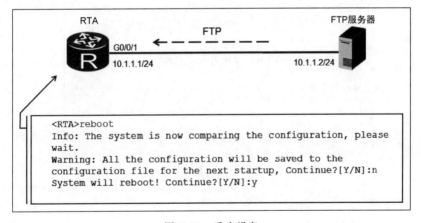

```
<RTA>reboot
Info: The system is now comparing the configuration, please
wait.
Warning: All the configuration will be saved to the
configuration file for the next startup, Continue?[Y/N]:n
System will reboot! Continue?[Y/N]:y
```

图 2.30 重启设备

通过步骤 1~4 就可以升级系统软件版本。配置文件备份和恢复也是类似的过程,备份的时候通过 FTP 上传,恢复的时候通过 FTP 下载,然后指定下次启动使用的配置文件就可以了。

2.1.7 小结

本节介绍了华为 VRP 系统,包括命令行的 4 种不同视图、命令输入小技巧、文件系统和相关操作命令,最后还介绍了系统升级过程。

本节内容难度不大,更多的是记忆性的知识,多动手练习可以快速提高熟练度。

2.2 eNSP 模拟器使用介绍

本节介绍华为模拟器的下载、安装、实验过程、常用技巧等内容,学完本节内容将掌握模拟器的使用方法。

2.2.1 下载 eNSP 模拟器

在百度上搜索"eNSP 模拟器下载"可以很容易找到模拟器下载链接。或者到一极网络课堂找到 HCIA 课程,如图 2.31 所示,进入里面的目录,第 10 章 eNSP 模拟器使用介绍,里面有 4 个压缩包,全部下载到计算机上,然后单击 part1 解压缩。

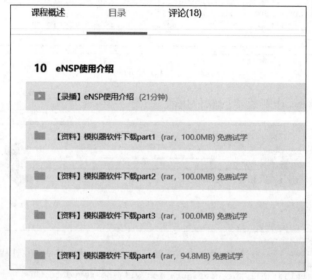

图 2.31 下载模拟器

解压缩之后得到如图 2.32 所示的安装文件。

此电脑 › 本地磁盘 (D:) › Tool › eNSP_Setup			
名称 ^	修改日期	类型	大小
🇪 eNSP V100R002C00B320 Setup	2014/1/21 22:16	应用程序	421,535 kB

图 2.32 eNSP 安装文件

2.2.2 安装 eNSP 模拟器

双击安装文件开始安装,除了选择安装目录之外,其他选项不用更改。具体步骤如下。
步骤 1:默认中文(简体)安装语言,单击"确定"按钮,如图 2.33 所示。
步骤 2:选择安装目录,如图 2.34 所示。

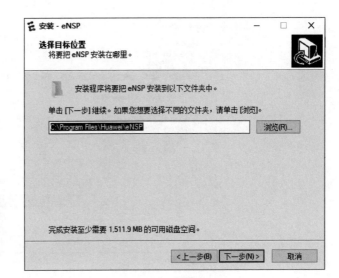

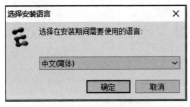

图 2.33 选择安装语言　　　　　　　　图 2.34 选择安装路径

步骤3：这一页提示安装 3 个辅助软件，分别是 WinPcap、Wireshark、VirtualBox，如果计算机上已经安装，将不会重复安装，系统会自动检测并勾选，建议不要自己更改选项，如图 2.35 所示，单击"下一步"按钮。

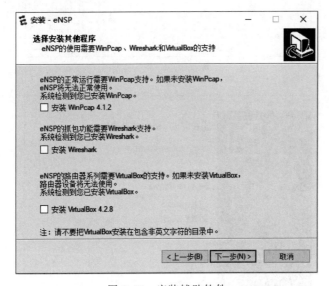

图 2.35 安装辅助软件

步骤4：确认安装信息，单击"安装"按钮，如果是第一次安装，还会有其他对话框提示安装上一步勾选的那些软件，全部单击"确定"按钮，下一步，完成安装，如图 2.36(a)～(c)所示。

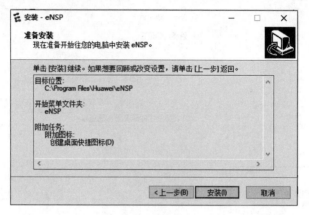

（a）确认安装信息

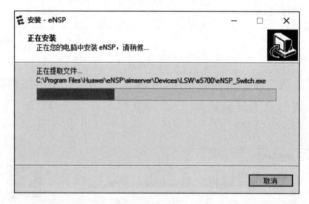

（b）安装进行中

（c）完成安装

图 2.36

2.2.3　开始实验

运行模拟器,进入初始界面,如图 2.37 所示。

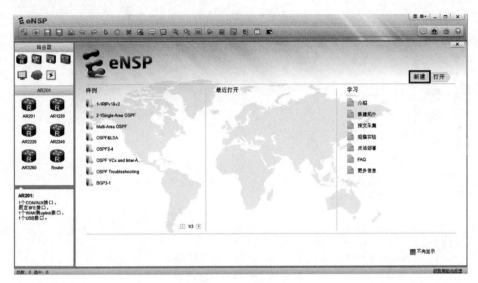

图 2.37　初始界面

单击初始界面右上部方框里的"新建"按钮,新建一个实验,进入实验界面,如图 2.38 所示。1 号方框区域可以选择设备种类,如路由器、交换机、防火墙等;2 号方框区域显示设备具体型号,例如上面选择路由器,下面就会列出所有可用的路由器型号;3 号区域是实验台,所有实验设备都可以放到实验台上。

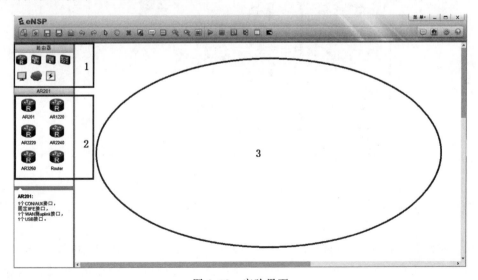

图 2.38　实验界面

　　单击左边设备列表右下角名为 Router 的路由器,然后在试验台空白的区域单击两下,添加两个路由器,系统会自动取名为 R1、R2,如图 2.39 所示。

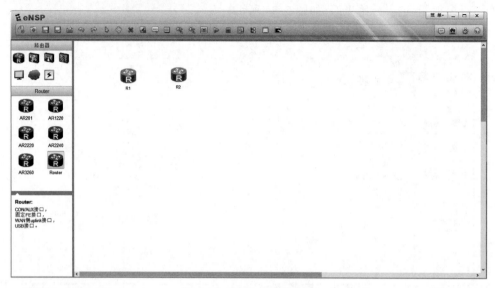

图 2.39　添加 2 台路由器

　　如图 2.40 所示,先单击左上角的"设备连线",再单击下面的 Copper,然后单击 R1 路由器,选择其中一个接口,例如 Ethernet 0/0/0。

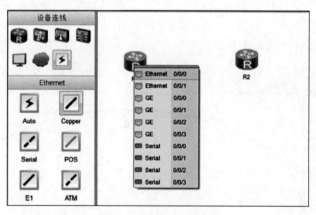

图 2.40　连接设备接口

　　然后再单击 R2,同样选择 Ethernet 0/0/0 接口,将 R1 和 R2 连接起来,如图 2.41 所示。

　　做实验的时候,连接设备常用的方式有两种:一种是 Copper,指的是网线,单击 Copper 之后再单击设备可以灵活指定接口;另外一种是 Auto,指的是自动连接,系统默认选择端口编号最小的接口。做实验的时候两种都可以,根据自己的喜好选择即可。

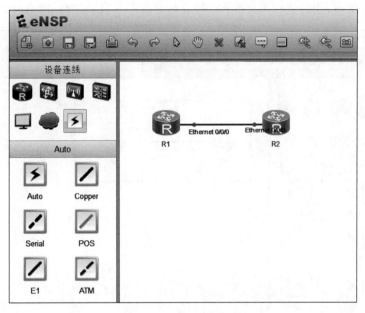

图 2.41 连接两台设备

接口连好之后链路旁边会显示接口编号。编号的默认位置有时候比较凌乱,如图 2.41 所示,Ethernet 0/0/0 字样和 R2 路由器重叠在一起。此时可以调整编号的显示位置,如图 2.42 所示,单击界面上方的箭头图标,再选中 Ethernet 0/0/0 字样,按住鼠标将其拖到合适的位置。

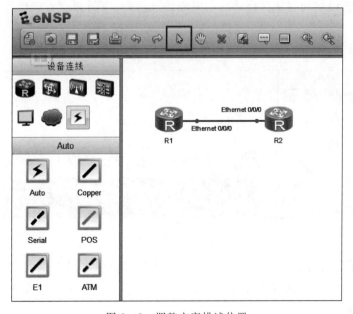

图 2.42 调整文字描述位置

如图 2.43 所示,同时选中 R1 和 R2,然后单击右上方启动按钮,同时启动 2 台路由器。

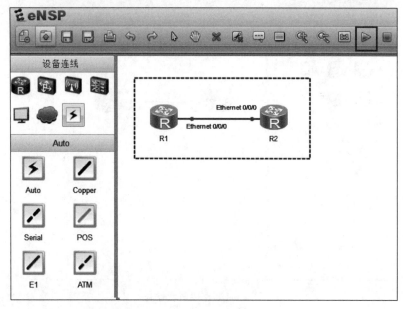

图 2.43　启动设备

注:启动设备消耗系统资源较大,如果是大型实验,设备多的情况下建议逐个启动,避免系统异常卡死。

单击启动后,设备的颜色由灰色变成浅蓝色,此时链路两端的节点还是红色状态,表示链路不通,设备还没启动完成。设备启动完成后,链路两端的圆点变成绿色,表示两端设备端口就绪。

双击设备,进入命令行,此时相当于通过串口登录实际设备。如图 2.44 所示。

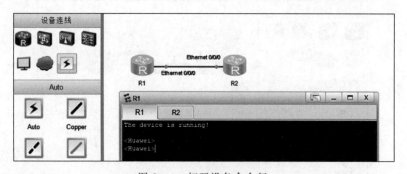

图 2.44　打开设备命令行

默认情况下,不同设备有各自独立的命令行窗口,如图 2.45 上部所示。做实验的时候不同窗口切换不方便,可以将所有设备的命令行放到同一个窗口,单击图中右上部方框里的按钮可以进行模式切换。

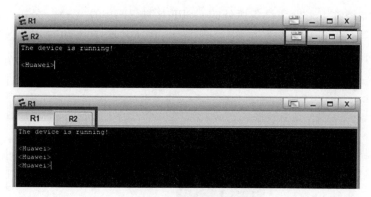

图 2.45　命令行窗口切换

做实验的时候,还可以用文本备注设备信息,如图 2.46 所示。选择上方方框内的文本工具,然后在设备旁边单击,输入文本信息,如此处的 IP 地址备注。文本经常用来备注设备的 IP 地址、网关、VLAN 等信息。

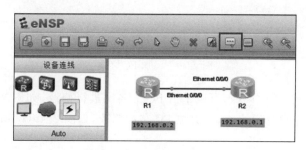

图 2.46　文本备注工具

做较为复杂的实验时,还可以使用调色板工具,如图 2.47 所示。单击上方方框内的调色板,出现对话框,选择右边的椭圆形,在试验台上画出一个椭圆形区域,还可以选择不同颜色。完成之后单击右上角"×"按钮,关闭调色板。

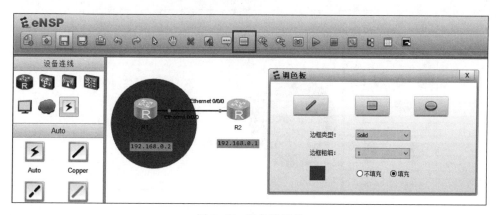

图 2.47　调色板工具

调色板功能经常用来标注设备所处的 OSPF 区域、BGP 的 AS 域、公司、部门等信息。

实验中经常会用到 PC 终端,如图 2.48 所示,在工作台上添加一台 PC,连接到 R2 的 Ethernet 0/0/1 接口,并启动 PC。

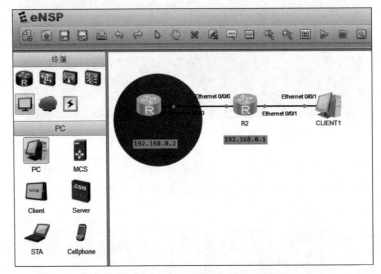

图 2.48　添加 PC 终端

PC 默认的名字是 CLIENT1,可以单击 PC 的名字进行修改,如图 2.49(a)所示。修改完之后,单击工作台空白处退出编辑,完成 PC 名的修改,如图 2.49(b)所示。其他设备的名字也可以类似地进行修改。

双击 PC1,配置 IP 地址、子网掩码和网关,如图 2.50 所示。

双击 R2,配置 Ethernet 0/0/1 接口的 IP 地址,如图 2.51 所示。

配置好 PC 和 R2 的接口 IP 地址之后,可以在 PC 上用 ping 命令进行测试。如图 2.52 所示,进入 PC 的命令行界面,ping 路由器的接口 IP 地址 192.168.2.1。

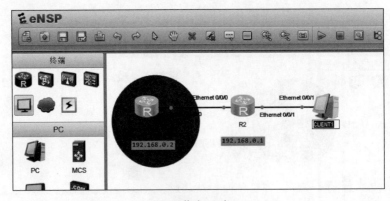

(a) 修改 PC 名

图　2.49

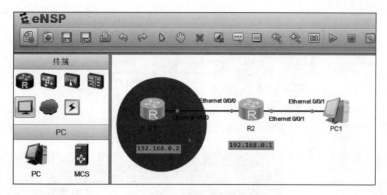

(b) PC名修改完毕

图 2.49 （续）

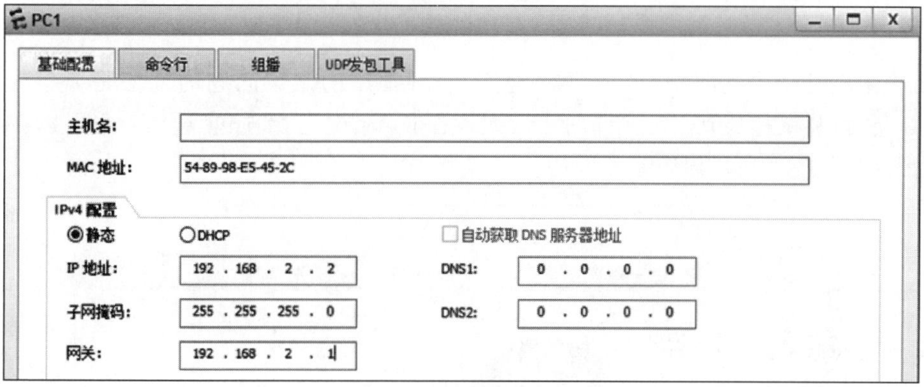

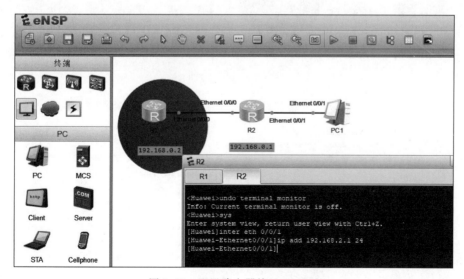

图 2.50 配置 PC

图 2.51 配置路由器接口 IP 地址

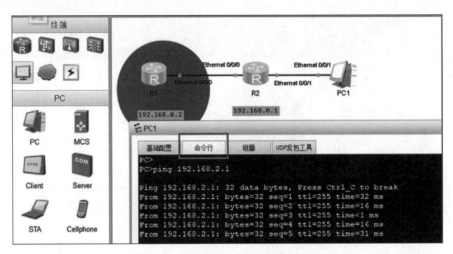

图 2.52　PC 终端 ping 路由器 IP 地址

实验中经常会遇到问题,需要进行定位,一种常用的定位问题的方法是抓包分析,如图 2.53 所示,将鼠标放到 PC1 旁边的圆点上,右击,选择"开始抓包"选项。也可以在 R2 路由器右边的圆点上抓包,内容是相同的。

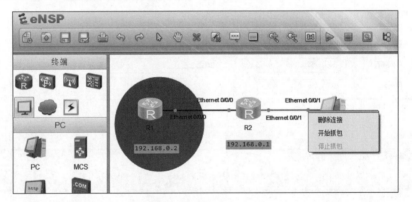

图 2.53　抓包分析

选择"开始抓包"后,eNSP 模拟器会调用 Wireshark 抓包工具开始抓包,如图 2.54 所示。

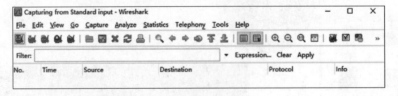

图 2.54　Wireshark 抓包

再到 PC1 命令行界面 ping 192.168.2.1,Wireshark 会抓取所有通信报文,如图 2.55 所示。可以通过报文交互过程分析故障点。

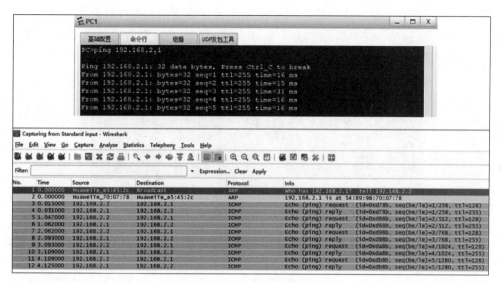

图 2.55 抓取通信报文

如图 2.56 所示,单击右上角方框内的按钮,在弹出的对话框里还可以配置系统的一些参数,例如命令行的字体颜色、背景颜色、系统语言等。

图 2.56 系统参数配置

有时候需要保存实验拓扑和配置,可以先进入每个设备的命令行界面用 save 命令保存配置,如图 2.57 所示。PC 终端会自动保存 IP 等配置,所以不需要用 save 命令来保存,而其他每个设备都要用 save 命令保存配置。

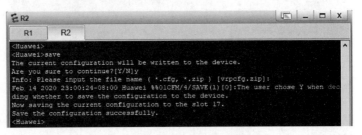

图 2.57　保存网络设备配置

最后单击方框内的"另存为"按钮,如图 2.58(a)所示,打开"另存为"对话框,设置相关参数,如图 2.58(b)所示。

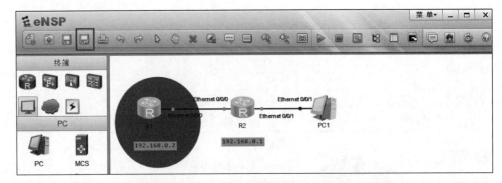

(a) 保存实验拓扑和配置

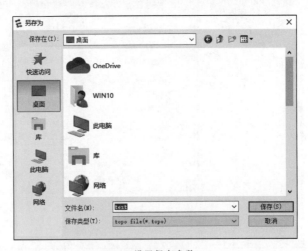

(b) 设置保存参数

图　2.58

保存之后会生成一个文件夹,如图 2.59 所示。

名称	修改日期	类型	大小
72E3DA2F-9C72-4d88-A885-3500C65...	2020/2/14 23:20	文件夹	
6895AB91-38A2-44e2-9986-4BA3CED...	2020/2/14 23:20	文件夹	
test	2020/2/14 23:20	TOPO 文件	5 KB

图 2.59 保存后的文件夹

如果要恢复实验,双击文件夹里的 test,以恢复之前的实验,此时设备都是未启动状态,将设备启动就可以恢复到之前的实验状态。

2.2.4 小结

本节介绍了华为 eNSP 模拟器的下载、安装、实验以及常用工具等内容,难度不大,跟着做、多练习是快速上手的诀窍。

第 3 章

交换机工作原理

第 1 章详细介绍了 TCP/IP,按由下往上的顺序协议栈 5 层分别是:物理层、链路层、网络层、传输层和应用层。物理层基本上是物理网卡,在实际工作中需要配置的地方不多。

需要配置的网络设备绝大部分位于链路层和网络层,因此下面将重点介绍链路层、网络层相关的协议。

本章介绍链路层相关的内容,包括交换机工作原理、VLAN 原理、STP 原理、RSTP&MSTP 原理等 4 个部分。

3.1 交换机工作原理

工作于链路层的网络设备有 Hub、网桥、交换机,其中 Hub、网桥目前已基本不用,被交换机所替代。出于学习的目的,这里比较一下 Hub 和交换机的差异。Hub 简单地将各个端口连在一起,如图 3.1 所示。

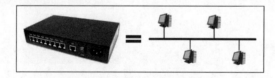

图 3.1　Hub 设备工作原理

连在 Hub 上的设备共享冲突域,同一时间只能有一台设备发送数据,带宽受到很大限制。

与 Hub 相比,交换机就聪明多了,不同设备互相隔离,避免冲突。如图 3.2 所示,连在交换机 SWA 上的 4 台主机可以同时两两互相通信,主机 A 和主机 B 通信,主机 C 和主机 D 通信,互不影响。

那么,当主机 A 的数据发到 SWA 的时候,SWA 怎么知道这个数据应该发给主机 B,而不是主机 C 或者 D 呢?

如图 3.3 所示,SWA 上有一张数据转发表,里面有 MAC 地址和接口的对应关系,主机

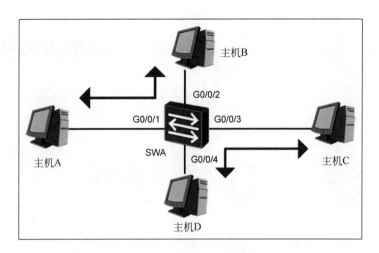

图 3.2 交换机工作原理

A 给 SWA 发以太网帧的时候,目标 MAC 地址填的是主机 B 的 MAC 地址,SWA 根据收到的帧里面的目标 MAC 地址查表,得知这个以太网帧应该从 G0/0/2 转发出去,这样就可以正确送达主机 B 了。

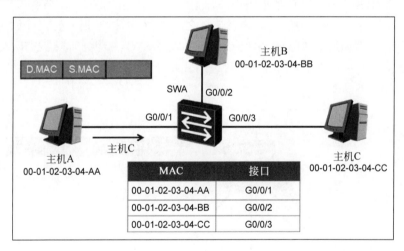

图 3.3 交换机数据转发机制

那么这个 MAC 地址表是怎么来的? 交换机刚上电的时候这个表是空的,如图 3.4 所示。

主机 A、主机 B、主机 C 在互相通信前,首先要做的就是获得对方的 MAC 地址。最开始的时候需要通过 ARP 协议获得 MAC 地址,例如主机 A 要获得主机 C 的 MAC 地址时,要先发送 ARP 请求,然后等待主机 C 回应该 ARP 请求。

交换机通过分析 ARP 报文来更新 MAC 地址表。注意 MAC 地址表的更新过程:首先,

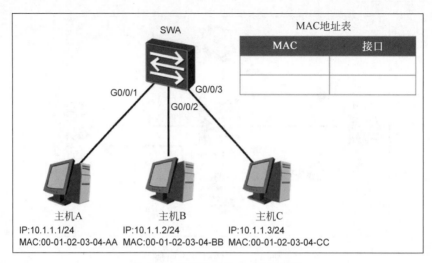

图 3.4　初始状态的 MAC 地址表

交换机根据来自主机 A 的 ARP 请求在 MAC 地址表中添加主机 A 的信息,如图 3.5(a)所示;
然后,交换机将该 ARP 请求转发给主机 B 和主机 C,如图 3.5(b)所示;最后,交换机根据来
自主机 C 的 ARP 回应在 MAC 地址表中添加主机 C 的信息,如图 3.5(c)所示。

交换机获取 MAC 地址与接口的映射信息之后,就可以指导报文转发。如果主机和交
换机的连接断开,例如图 3.5(c)中主机 C 离开 SWA,SWA 检测到链路断开,会马上更新
MAC 地址表,删除主机 C 对应的表项。可以用 display mac-address 查询交换机 MAC 地址
表的变化,如图 3.6 所示。

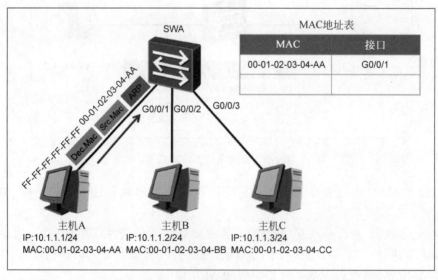

(a) 添加主机 A 信息

图　3.5

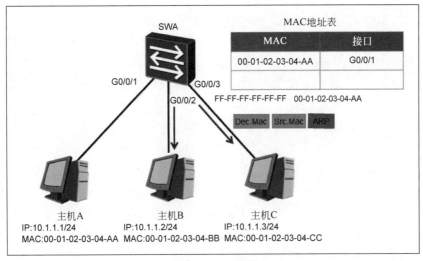

（b）转发 ARP 请求

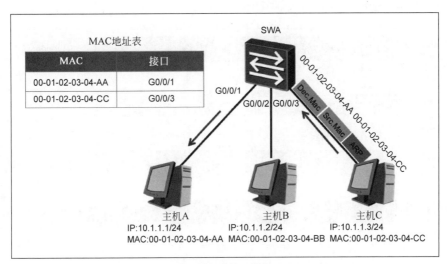

（c）添加主机 C 信息

图 3.5 （续）

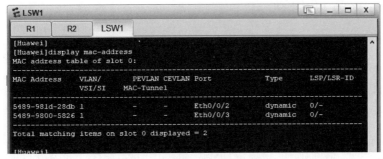

图 3.6 MAC 地址表查询

SWA 已经删除了主机 C 对应的表项,此时主机 A 并不知道主机 C 已经离开,ARP 缓存表里还有主机 C 对应的 MAC 地址,如果主机 A ping 主机 C,SWA 会怎么处理呢?

SWA 收到主机 A 发来的报文,根据目标 MAC 查表时,发现找不到主机 C 对应的表项,这个情况对于 SWA 来说是未知单播。交换机对未知单播的处理方法是将其广播给各个端口。这里可以自己做实验验证一下。

还有一种 MAC 地址是广播 MAC,交换机的处理方法也是发给各个端口,这个过程叫作泛洪。

前面介绍 MAC 地址的时候,还提到一种特殊 MAC——组播 MAC,组播 MAC 有一个专门的组播 MAC 地址表,交换机会根据这个表给对应组播成员精确转发。

另外还有一种特殊情况——丢弃,例如 SWA 接口 Ethernet 0/0/0 配置的 VLAN 是 1,但是收到的帧携带的 VLAN 是 2,这个帧就会被丢弃;或者是帧已经进入交换机,但是不符合转发规则,也会被丢弃。

以上各种转发情况汇总如图 3.7 所示。

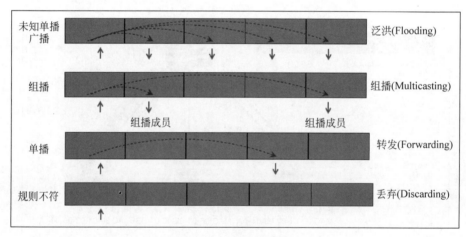

图 3.7 交换机转发规则

3.2 VLAN 原理与配置

3.2.1 VLAN 基本原理

交换机可以让不同的主机互相之间同时通信,但是不能隔离广播。在网络规模比较大的时候,广播报文会耗费很多网络资源,如图 3.8 所示,每一个广播报文都会发给所有的主机。

为了避免全网广播问题,可以用 VLAN(Virtual Local Area Network,虚拟局域网)技

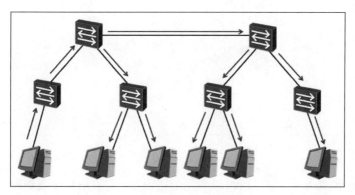

图 3.8 广播报文转发

术将一个物理的局域网在逻辑上划分成多个广播域。这样既能够隔离广播域,又能够提升网络的安全性,如图 3.9 所示。

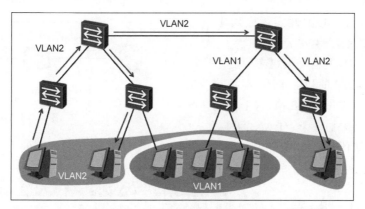

图 3.9 VLAN 基本概念

VLAN 技术是如何实现的呢?或者说交换机如何知道哪个报文属于 VLAN 1,哪个报文属于 VLAN 2 呢?实际上是通过 VLAN 标签识别的。如图 3.10 所示,这是前面介绍过的普通以太网帧。

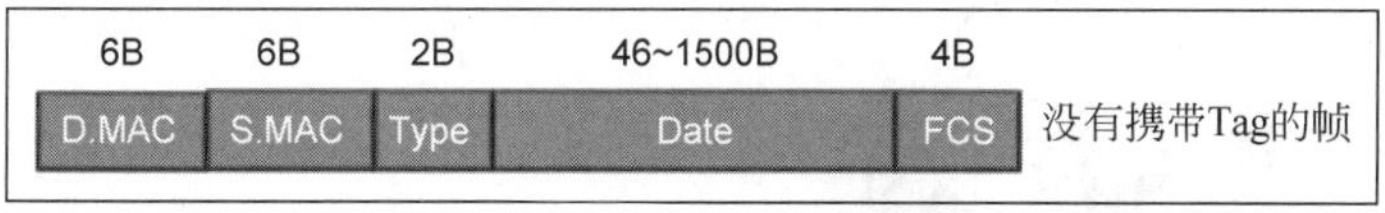

6B	6B	2B	46~1500B	4B	
D.MAC	S.MAC	Type	Date	FCS	没有携带Tag的帧

图 3.10 普通以太网帧

携带 VLAN 标签的以太网帧是什么样的呢?如图 3.11 所示,VLAN 标签总共 4B,在 S. MAC 后面,Type 前面。

4B 的 VLAN 标签前 2B 是 TPID(Tag Protocol Identifier,标签协议标识),华为设备取固定值 0x8100,后面 2B 分 3 个部分,具体如下:

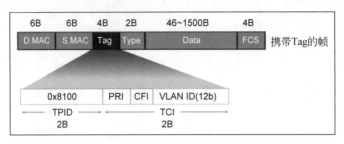

图 3.11 带 VLAN 标签的帧

PRI：Priority，优先级，3 比特，可以表示的范围是 0～7，用来标识帧的优先级，和 IP 头部的优先级类似，不同的是这个优先级用来指导交换机，IP 头的优先级用来指导路由器。

CFI：Canonical Format Indicator，规范格式指示器，1 比特，0 表示以太网，1 表示令牌环网。通常取值 0。

VLAN ID：VLAN Identifier，12 比特，可以表示的范围是 0～4095，其中 0 和 4095 这两个 ID 保留，不能使用，因此实际应用中，可用的 VLAN ID 范围是 1～4094。

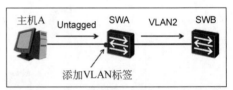

图 3.12 添加 VLAN 标签

这个 VLAN 标签由交换机来添加，如图 3.12 所示。主机发出来的以太网帧不携带 VLAN Tag，通常也称为 Untagged 帧，这个帧到达 SWA 接口后，SWA 会添加一个 VLAN 标签。

交换机根据什么添加 VLAN 标签呢？如图 3.13 所示，有多种不同的方式：

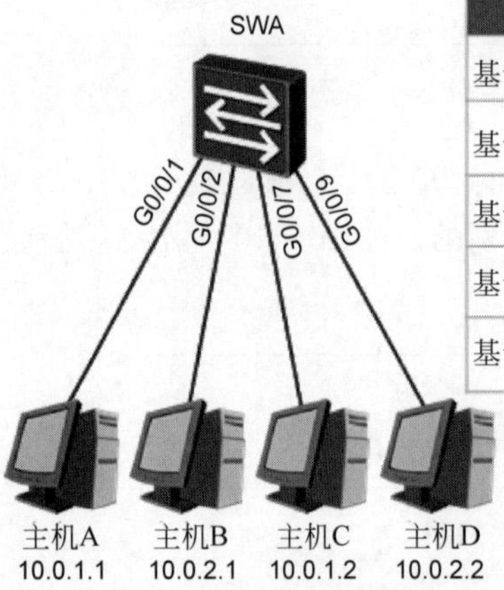

	VLAN5	VLAN10
基于端口	G0/0/1, G0/0/7	G0/0/2,G0/0/9
基于MAC地址	00-01-02-03-04-AA 00-01-02-03-04-CC	00-01-02-03-04-BB 00-01-02-03-04-DD
基于IP子网划分	10.0.1.*	10.0.2.*
基于协议划分	IP	IPX
基于策略	10.0.1.* + G0/0/1+ 00-01-02-03-04-AA	10.0.1.* + G0/0/2+ 00-01-02-03-04-BB

主机A 10.0.1.1　主机B 10.0.2.1　主机C 10.0.1.2　主机D 10.0.2.2

图 3.13 VLAN 标签添加的不同方法

第 1 种：基于端口，图中 SWA 端口 G0/0/1 和 G0/0/7 收到的报文都打上 VLAN5，G0/0/2 和 G0/0/9 收到的报文都打上 VLAN10，这是最常用的方式。

第 2 种：基于 MAC 地址,SWA 根据收到报文的 S. MAC 添加 VLAN 标签,这种方式需要对每个接入 SWA 的 PC 都要配置 MAC 和 VLAN 的映射关系,管理很不方便,实际中很少用。

第 3 种：基于 IP 网段,SWA 收到报文之后需要分析源 IP 所处的网段,因为要额外分析 IP 头,消耗交换机资源,实际中很少用。

第 4 种：基于协议划分,应用面很窄,实际中很少用。

第 5 种：基于策略,也就是将前面的 4 种进行组合控制,可以精准控制,但是配置复杂,消耗资源多,实际中用得更少。

通常都是基于端口分配 VLAN 标签,其他几种方式很少用到。

基于端口分配 VLAN 标签时,用 PVID(Port VLAN ID,端口 VLAN ID)配置接口的 VLAN ID,如图 3.14 所示。

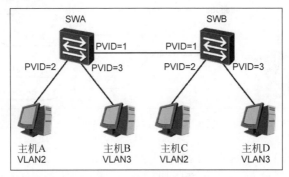

图 3.14　配置接口 VLAN ID

VLAN 标签是在交换机接口上处理的,交换机接收主机发过来的报文时会添加 VLAN 标签,往主机发送报文的时候需要剥离 VLAN 标签,这是因为主机不能识别带 VLAN 标签的报文。然而如果对端是交换机,发送报文的时候,又需要带 VLAN 标签。为了更好地控制 VLAN 标签的处理,交换机的接口可以工作于不同模式。

如图 3.15 所示,交换机连接主机的接口通常用 Access(接入)模式,两交换机之间的接口通常用 Trunk(骨干)模式。

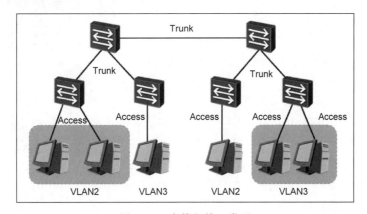

图 3.15　交换机接口类型

3.2.2　Access 口工作原理

Access 口和 Trunk 口的工作机制有什么区别呢? 首先看 Access 口的工作机制。如图 3.16 所示,方框表示交换机,端口 PVID=5,主机发往交换机的报文通常是 Untagged,有些情况下也可以发 Tagged 报文。

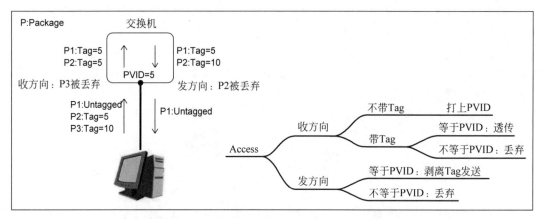

图 3.16　Access 口工作机制

收方向,指交换机接收主机发来的报文,分 3 种情况:

第 1 种: Untagged 报文,交换机会添加一个 VLAN Tag=5,见方框左边 P1 报文处理;

第 2 种: Tag=5 的报文,交换机直接放行,不再添加 VLAN Tag,见方框左边 P2 报文处理;

第 3 种: Tag=10 的报文,因为和 PVID 不一致,直接丢弃,见方框左边 P3 报文处理。

发方向,指交换机发往主机的报文,分 2 种情况:

第 1 种: VLAN 与 PVID 一致,Tag=5,剥离 VLAN Tag,还原成 Untagged 报文,见方框右边 P1 报文处理;

第 2 种: VLAN 与 PVID 不一致,例如 Tag=10,直接丢弃,见方框右边 P2 报文处理。

记忆技巧: 与 PVID 不一致的报文全部丢弃。Access 口只允许一种 VLAN Tagged 报文通过。

Access 口举例说明: 如图 3.17 所示,主机 A 发 Untagged 报文到 SWA 的 G0/0/1 接口,SWA 添加 VLAN Tag=10,报文进入交换机之后,携带 VLAN Tag=10,然后交换机会从 G0/0/3 接口转发出去,因为 G0/0/3 接口的 VLAN Tag=10,发出去的报文不带 VLAN Tag。报文不会从 G0/0/2 接口转发出去,因为 G0/0/2 接口的 PVID=2,与报文本身携带的 VLAN Tag 不一致,根据规则,直接丢弃。

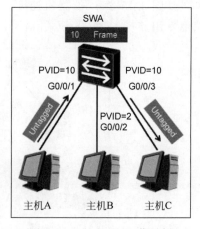

图 3.17　Access 口工作示例

Access 口配置如图 3.18 所示。

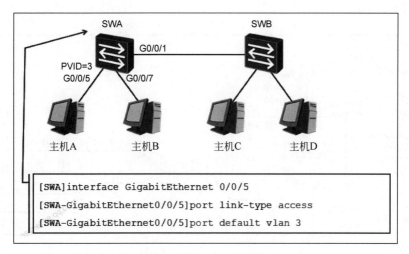

图 3.18　Access 口配置

进到接口模式,将接口配置为 Access 口: port link-type access。

给接口指定 PVID: port default vlan 3。

3.2.3　Trunk 口工作原理

Trunk 口的工作机制与 Access 口最大的不同点就是交换机之间允许多种不同 VLAN tagged 报文通过,因此相比 Access 口来说,多了一个 allow pass 控制列表,用来控制让哪几个 VLAN Tag 通过,实际配置的命令是 port trunk allow vlan 5 10,指定让 VLAN Tag 5、10 通过。

如图 3.19 所示,左边上下两个方框表示交换机,上方交换机的接口 PVID＝5,从它的角度看收发报文的处理情况。

收方向:指上方交换机接收下方交换机发来的报文,分 3 种情况:

第 1 种:收到 Untagged 报文,添加 VLAN Tag＝5,见方框左边 P1 报文处理。

第 2 种:收到在 allow pass 范围内的 VLAN Tag 报文,直接通过,见方框左边 P2、P3 报文。

第 3 种:收到带有 VLAN Tag 报文,但是该 VLAN Tag 不在 allow pass 范围内,丢弃,见方框左边 P4 报文。

发方向:指上方交换机发报文给下方交换机,分 3 种情况:

第 1 种:报文带的 VLAN Tag 在 allow pass 范围内,同时又和 PVID 相同,剥掉 VLAN Tag,发送 Untagged 报文,见方框右边 P1 报文处理。

第 2 种:报文带的 VLAN Tag 在 allow pass 范围内,但是和 PVID 不一样,直接发走,见方框右边 P2 报文处理。

第3种：报文带的 VLAN Tag 不在 allow pass 范围内，直接丢弃，见方框右边 P3 报文的处理。

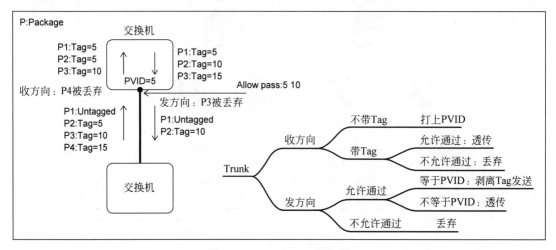

图 3.19 Trunk 口工作机制

Trunk 口处理方式和 Access 有点类似，不同点就是多了一个 allow pass 控制列表。

Trunk 口举例说明，如图 3.20 所示，主机 A、C 属于 VLAN 1，主机 B、D 属于 VLAN 20，交换机连接主机的接口都是 Access 口，SWA 与 SWB 之间的接口是 Trunk 口，双方配置的 VLAN 控制列表都是 allow pass vlan 1 20。

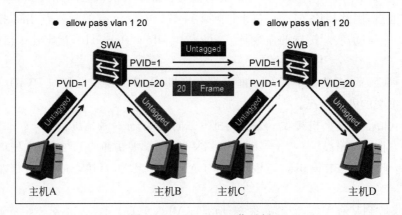

图 3.20 Trunk 口工作示例

主机 A 发送 Untagged 报文给 SWA，SWA 添加 VLAN 1，这个报文会发往 SWB，VLAN 1 在 SWA 的 allow pass 范围内，同时又和接口的 PVID 一致，根据 Trunk 口的规则，会剥掉 VLAN 标签，变成 Untagged 报文发往 SWB。SWB 收到 Untagged 报文时会添加 VLAN Tag=1，VLAN Tag=1 在 SWB 的 allow pass 范围内，所以会放行并转发给主机 C。

主机 B 发送 Untagged 报文给 SWA，SWA 添加 VLAN Tag＝20。SWA 将报文发送给 SWB 时，因为其 VLAN Tag 20 在 allow pass 范围内，而且与接口 PVID 不一致，所以将其直接发给 SWB。SWB 收到这个报文时判断 VLAN Tag 20 在它的 allow pass 范围内，所以会转发给主机 D。

通常 Trunk 口的 PVID 都使用默认的 VLAN 1，如果要修改 Trunk 口的 PVID，需要确保链路两边接口的 PVID 一致，如果不一致会导致报文无法被正确转发。可以尝试分析一下，如果 SWA 右边接口的 PVID＝1，SWB 左边接口的 PVID＝20，报文是否能正确被转发到目标主机。

Trunk 口配置如图 3.21 所示。

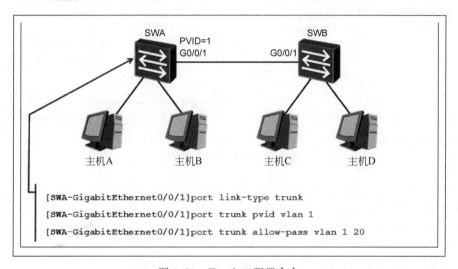

图 3.21　Trunk 口配置命令

3.2.4　Hybrid 口工作原理

除了 Access 口和 Trunk 口外，华为交换机还支持一种混合接口，称之为 Hybrid 口，如图 3.22 所示，Hybrid 口可以用在交换机和主机之间，还可以用于两个交换机之间。

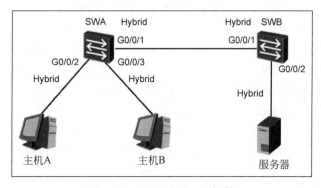

图 3.22　Hybrid 口应用场景

Hybrid 口的工作机制与 Trunk 口最大的不同点就是 Hybrid 口有 2 个控制列表,一个是 Tagged VLAN 列表,另一个是 Untagged VLAN 列表,用来更精准地控制报文。

如图 3.23 所示,左边上下两个方框表示交换机,上方交换机的接口 PVID=5,从它的角度看收发报文的处理情况。

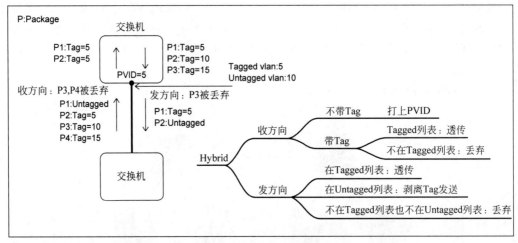

图 3.23　Hybrid 口工作机制

收方向:指上方交换机接收下方交换机发来的报文,分 3 种情况:

第 1 种:收到 Untagged 报文,添加 VLAN Tag=5,见左边 P1 报文处理。

第 2 种:收到带有 VLAN Tag 报文,且 VLAN Tag 在 Tagged VLAN 列表里,见左边 P2 报文处理。

第 3 种:收到带有 VLAN Tag 报文,但该 VLAN Tag 不在 Tagged VLAN 列表里,丢弃,见左边 P3、P4 报文处理。

发方向:指上方交换机发报文给下方交换机,分 3 种情况:

第 1 种:报文带的 VLAN Tag 在 Tagged VLAN 列表里,透传,见右边 P1 报文处理。

第 2 种:报文带的 VLAN Tag 在 Untagged VLAN 列表里,剥掉 VLAN Tag 发出去,见右边 P2 报文处理。

第 3 种:报文带的 VLAN Tag 不在 Tagged VLAN 列表又不在 Untagged VLAN 列表里,直接丢弃,见右边 P3 报文的处理。

Hybrid 口举例说明,如图 3.24 所示,交换机所有接口都是 Hybrid 口,主机 A 属于 VLAN2,主机 B 属于 VLAN3,服务器属于 VLAN100,主机 A 和主机 B 属于不同部门不能互相通信,但是都可以访问服务器。交换机端口配置如下:

SWA 端口 1 配置 tagged list vlan 2 3 100,untagged 列表随意,不配置也可以;

SWA 端口 2 配置 untagged list vlan 2 100,tagged 列表随意;

SWA 端口 3 配置 untagged list vlan 3 100,tagged 列表随意;

SWB 端口 1 配置 tagged list vlan 2 3 100,untagged 列表随意;

SWB 端口 2 配置 untagged list vlan 2 3 100,tagged 列表随意。

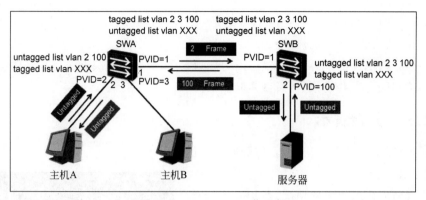

图 3.24 Hybrid 口工作示例

主机 A 发送 Untagged 报文给 SWA,SWA 的 2 号端口会添加 VLAN2,VLAN2 在该端口的 Untagged 列表里,所以继续转发(如果不在列表里,会直接丢弃)。SWA 的 1 号端口会将报文发出去,因为 VLAN2 在该端口的 Tagged 列表里,所以发出去的报文带有 VLAN2。该报文到达 SWB 后,因为 VLAN2 也在 SWB 的 Tagged 列表里,所以继续转到 SWB 的 2 号端口。因为 VLAN2 在 2 号端口的 Untagged 列表里,所以 SWB 剥掉 VLAN 之后将其发给服务器。

反方向:服务器回一个 Untagged 报文到达 SWB 的 2 号端口时会加上 VLAN100,VLAN100 在该端口的 Untagged 到表里,所以继续从 1 号端口发出去,因为 VLAN100 在 1 号端口的 Tagged 列表里,所以 SWB 发给 SWA 的报文带有 VLAN100,到达 SWA 的 1 号端口时,因为 VLAN100 在该端口的 Tagged 列表里,所以继续转发给 SWA 的 2 号端口,VLAN100 又在 SWA 的 2 号端口的 Untagged 列表里,所以会剥掉 VLAN100 变成 Untagged 报文发给主机 A。

主机 B 和服务器的通信过程与主机 A 相似,可以试着分析一下。相关配置命令如图 3.25 所示。

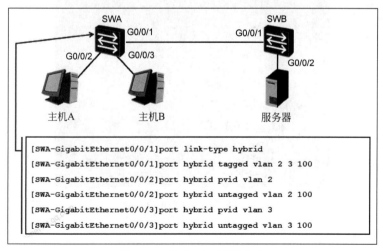

图 3.25 Hybrid 口配置命令

华为交换机的接口支持 3 种模式,分别是 Access、Trunk、Hybrid。出厂默认的接口模式是 Hybrid,默认的 VLAN Tag＝1。

初次接触 VLAN 配置会容易搞混,因为规则太多,最好的解决办法就是多做实验,多练习,也可以自己设计一些场景,然后做实验验证。

3.2.5　实验演示

做实验之前先介绍几个小技巧,方便问题定位解决。

实验小技巧:

① 查看当前接口的配置情况,可以检查当前接口是不是漏配、错配,如图 3.26 所示;

② 端口模式切换之前,要删除接口下的所有配置,如果不删除,系统会提示错误,删除的时候用 undo 命令,如图 3.27 所示;

```
[Huawei]inter e0/0/1
[Huawei-Ethernet0/0/1]display this
#
interface Ethernet0/0/1
 port hybrid pvid vlan 100
 port hybrid untagged vlan 2 to 3 100
#
return
```

图 3.26　检查当前接口配置

```
[Huawei-Ethernet0/0/1]undo port hybrid pvid vlan
[Huawei-Ethernet0/0/1]undo port hybrid untagged vlan 2 3 100
[Huawei-Ethernet0/0/1]
```

图 3.27　删除接口下的配置

③ 可以用 display current-configuration 查看当前设备的所有配置,如图 3.28 所示。

```
[Huawei]display current-configuration
#
sysname Huawei
#
vlan batch 2 to 3 100
#
cluster enable
ntdp enable
ndp enable
#
interface Vlanif1
#
interface MEth0/0/1
#
interface Ethernet0/0/1
 port link-type access
#
interface Ethernet0/0/2
#
interface Ethernet0/0/3
 port hybrid tagged vlan 2 to 3 100
#
interface Ethernet0/0/4
#
interface Ethernet0/0/5
```

图 3.28　查询当前所有配置

1. Access 口基本实验

如图 3.29 所示,交换机接口的 PVID＝2,主机的 IP 地址分别是 192.168.1.1/24 和 192.168.1.2/24。

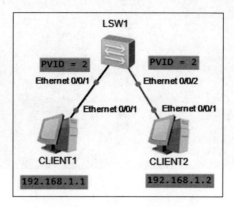

图 3.29　Access 口实验拓扑

步骤 1:配置主机 IP,双击 CLIENT1,配置 IP 地址和子网掩码,如图 3.30 所示。

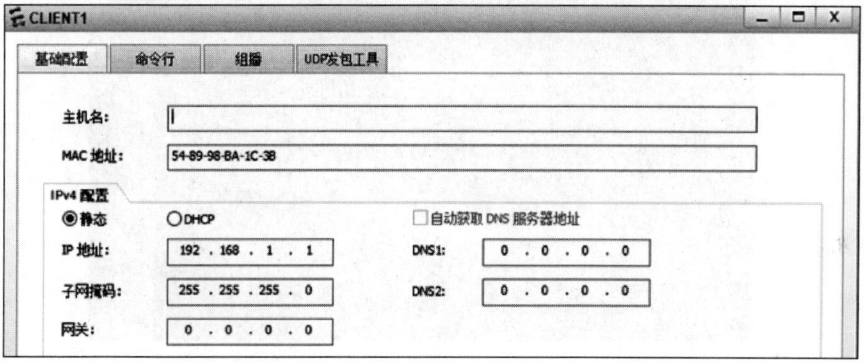

图 3.30　主机的 IP 配置

CLIENT2 的配置与此相似,把 IP 地址换成 192.168.1.2 即可。

步骤 2:配置交换机,双击 LSW1,配置接口模式和 PVID,如图 3.31 所示。

注:配置之前要先在系统模式下创建 vlan,使用命令 vlan 2。如果不创建 vlan 会导致通信无法建立。

步骤 3:验证实验结果。主机和交换机都配置好后,可以到主机中验证实验是否成功,如图 3.32 所示。

2. Trunk 口实验演示

如图 3.33 所示,PC1 和 PC3 属于 VLAN2,PC2 和 PC4 属于 VLAN3。

步骤 1:配置 LSW1,配置命令如图 3.34 所示。

步骤 2:配置 LSW2,配置命令如图 3.35 所示。

```
LSW1
  LSW1
The device is running!

<Huawei>
<Huawei>undo ter monitor
Info: Current terminal monitor is off.
<Huawei>sys
Enter system view, return user view with Ctrl+Z.
[Huawei]vlan 2
[Huawei-vlan2]quit
[Huawei]interface e0/0/1
[Huawei-Ethernet0/0/1]port link-type access
[Huawei-Ethernet0/0/1]port default vlan 2
[Huawei-Ethernet0/0/1]quit
[Huawei]interface e0/0/2
[Huawei-Ethernet0/0/2]port link-type access
[Huawei-Ethernet0/0/2]port default vlan 2
[Huawei-Ethernet0/0/2]
```

图 3.31 配置交换机接口

```
CLIENT1
  基础配置    命令行    组播    UDP发包工具
Welcome to use PC Simulator!

PC>ping 192.168.1.2

Ping 192.168.1.2: 32 data bytes, Press Ctrl_C to break
From 192.168.1.2: bytes=32 seq=1 ttl=128 time=31 ms
From 192.168.1.2: bytes=32 seq=2 ttl=128 time=31 ms
From 192.168.1.2: bytes=32 seq=3 ttl=128 time=31 ms
From 192.168.1.2: bytes=32 seq=4 ttl=128 time=16 ms
From 192.168.1.2: bytes=32 seq=5 ttl=128 time=16 ms

--- 192.168.1.2 ping statistics ---
  5 packet(s) transmitted
  5 packet(s) received
  0.00% packet loss
  round-trip min/avg/max = 16/25/31 ms
```

图 3.32 验证配置

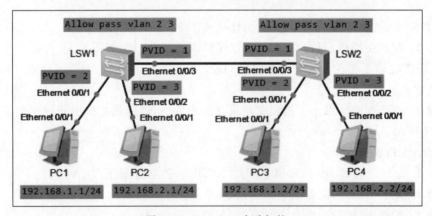

图 3.33 Trunk 口实验拓扑

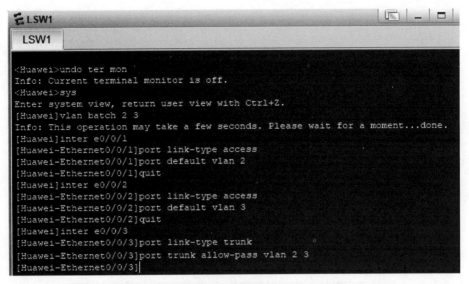

图 3.34 配置 LSW1

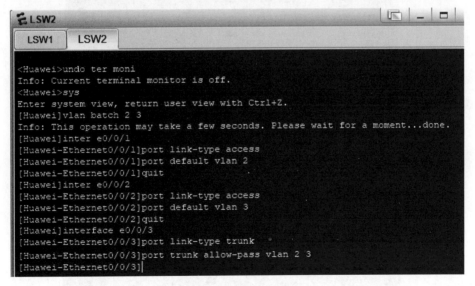

图 3.35 配置 LSW2

步骤 3：配置各个 PC，配置界面如图 3.36 所示。PC2、PC3、PC4 的配置与此相似，修改相应 IP 地址就可以了。

步骤 4：验证配置结果，PC1 可以 ping 通 PC3 的 IP 地址，PC2 可以 ping 通 PC4 的 IP 地址，如图 3.37(a)和图 3.37(b)所示。

实验拓展，自己尝试做以下验证，增加对 Trunk 口转发机制的理解：

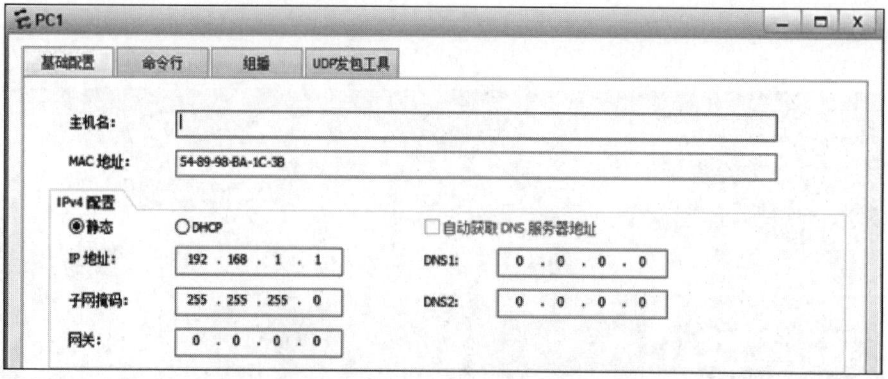

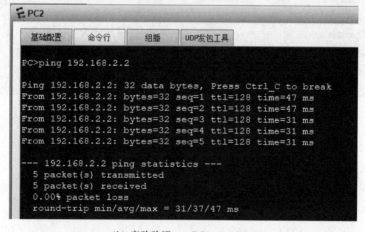

PC1
基础配置
命令行
组播
UDP发包工具
主机名：
MAC 地址：
54-89-98-BA-1C-3B
IPv4 配置
静态
DHCP
自动获取 DNS 服务器地址
IP 地址：
192 . 168 . 1 . 1
DNS1:
0 . 0 . 0 . 0
子网掩码：
255 . 255 . 255 . 0
DNS2:
0 . 0 . 0 . 0
网关：
0 . 0 . 0 . 0

图 3.36　配置 PC1

PC1
基础配置
命令行
组播
UDP发包工具
PC>ping 192.168.1.2
Ping 192.168.1.2: 32 data bytes, Press Ctrl_C to break
From 192.168.1.2: bytes=32 seq=1 ttl=128 time=15 ms
From 192.168.1.2: bytes=32 seq=2 ttl=128 time=47 ms
From 192.168.1.2: bytes=32 seq=3 ttl=128 time=31 ms
From 192.168.1.2: bytes=32 seq=4 ttl=128 time=31 ms
From 192.168.1.2: bytes=32 seq=5 ttl=128 time=47 ms
--- 192.168.1.2 ping statistics ---
5 packet(s) transmitted
5 packet(s) received
0.00% packet loss
round-trip min/avg/max = 15/34/47 ms

(a) 实验验证——PC1 ping PC3

PC2
基础配置
命令行
组播
UDP发包工具
PC>ping 192.168.2.2
Ping 192.168.2.2: 32 data bytes, Press Ctrl_C to break
From 192.168.2.2: bytes=32 seq=1 ttl=128 time=47 ms
From 192.168.2.2: bytes=32 seq=2 ttl=128 time=47 ms
From 192.168.2.2: bytes=32 seq=3 ttl=128 time=31 ms
From 192.168.2.2: bytes=32 seq=4 ttl=128 time=31 ms
From 192.168.2.2: bytes=32 seq=5 ttl=128 time=31 ms
--- 192.168.2.2 ping statistics ---
5 packet(s) transmitted
5 packet(s) received
0.00% packet loss
round-trip min/avg/max = 31/37/47 ms

(b) 实验验证——PC2 ping PC4

图　3.37

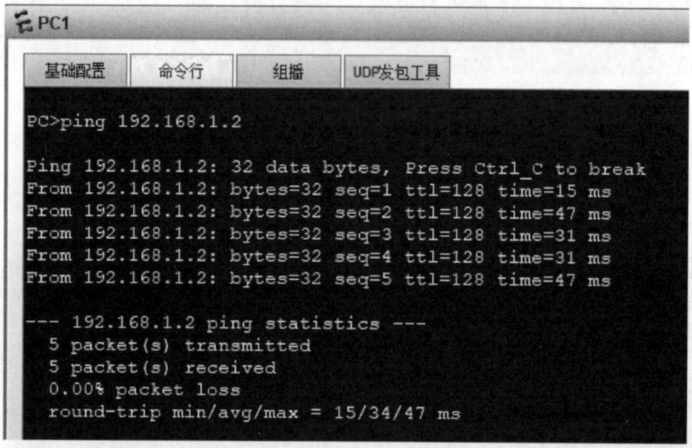

1. 在 LSW1 和 LSW2 之间的链路上启动抓包,PC1 ping PC3,PC2 ping PC4,PC1 ping PC4 观察 ping 报文的 vlan 携带情况;

2. 将 LSW1 和 LSW2 的 Trunk 口 PVID 都改成 2,再抓包分析;

3. 将 LSW1 的 Trunk 口 PVID 改成 2,LSW2 的 Trunk 口 PVID 改成 3,再抓包分析。

3. Hybrid 口实验演示

如图 3.38 所示,PC1 属于 VLAN 2,PC2 属于 VLAN 3,PC3 属于 VLAN 100,PC1 和 PC2 不能互通,但是都可以访问 PC3。

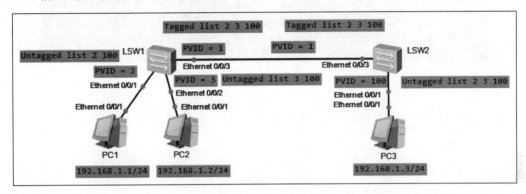

图 3.38 Hybrid 实验拓扑

步骤 1:配置 LSW1,如图 3.39 所示。

```
Enter system view, return user view with Ctrl+Z.
[Huawei]vlan batch 2 3 100
Info: This operation may take a few seconds. Please wait for a moment...done.
[Huawei]inter e0/0/1
[Huawei-Ethernet0/0/1]port link-type hybrid
[Huawei-Ethernet0/0/1]port hybrid pvid vlan 2
[Huawei-Ethernet0/0/1]port hybrid untagged vlan 2 100
[Huawei-Ethernet0/0/1]quit
[Huawei]inter e0/0/2
[Huawei-Ethernet0/0/2]port link-type hybrid
[Huawei-Ethernet0/0/2]port hybrid pvid vlan 3
[Huawei-Ethernet0/0/2]port hybrid untagged vlan 3 100
[Huawei-Ethernet0/0/2]quit
[Huawei]interface e0/0/3
[Huawei-Ethernet0/0/3]port link-type hybrid
[Huawei-Ethernet0/0/3]port hybrid tagged vlan 2 3 100
[Huawei-Ethernet0/0/3]
```

图 3.39 配置 LSW1

步骤 2:配置 LSW2,如图 3.40 所示。

步骤 3:配置 PC1 的 IP 地址和子网掩码,如图 3.41 所示,PC2 和 PC3 的配置与此相似。

步骤 4:验证 PC1 与 PC3,PC2 与 PC3,PC1 与 PC2 的连通性,如图 3.42(a)和(b)所示。

附加练习:下面是一个综合实验,做完之后可以加深对各种模式的理解,如图 3.43 所示。

```
<Huawei>undo ter mon
Info: Current terminal monitor is off.
<Huawei>sys
Enter system view, return user view with Ctrl+Z.
[Huawei]vlan batch 2 3 100
Info: This operation may take a few seconds. Please wait for a moment...done.
[Huawei]inter e0/0/1
[Huawei-Ethernet0/0/1]port link-type hybrid
[Huawei-Ethernet0/0/1]port hybrid pvid vlan 100
[Huawei-Ethernet0/0/1]port hybrid untagged vlan 2 3 100
[Huawei-Ethernet0/0/1]quit
[Huawei]inter e0/0/3
[Huawei-Ethernet0/0/3]port link-type hybrid
[Huawei-Ethernet0/0/3]port hybrid tagged vlan 2 3 100
[Huawei-Ethernet0/0/3]
```

图 3.40　配置 LSW2

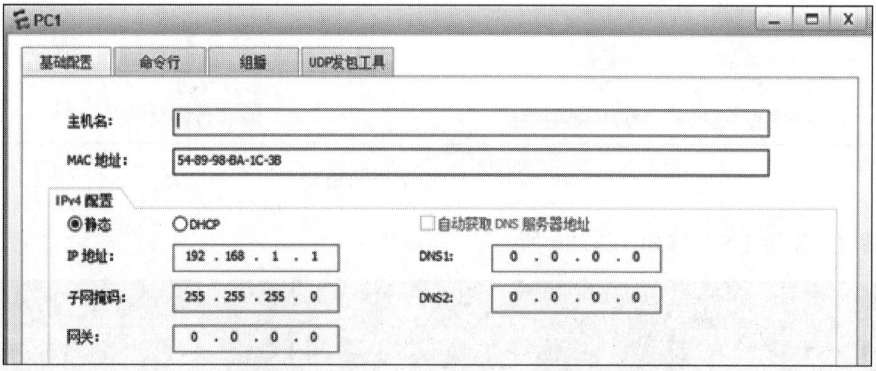

图 3.41　配置 PC1 的 IP 地址和子网掩码

```
PC>
PC>ping 192.168.1.2

Ping 192.168.1.2: 32 data bytes, Press Ctrl_C to break

PC>ping 192.168.1.3

Ping 192.168.1.3: 32 data bytes, Press Ctrl_C to break
From 192.168.1.3: bytes=32 seq=1 ttl=128 time=15 ms
From 192.168.1.3: bytes=32 seq=2 ttl=128 time=47 ms
From 192.168.1.3: bytes=32 seq=3 ttl=128 time=31 ms
From 192.168.1.3: bytes=32 seq=4 ttl=128 time=47 ms
From 192.168.1.3: bytes=32 seq=5 ttl=128 time=32 ms
```

(a) 实验验证——PC1 ping PC2/PC3

图　3.42

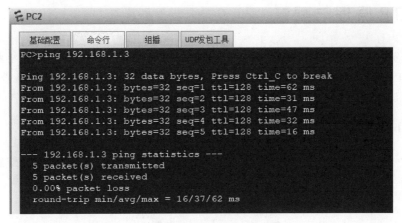

（b）实验验证——PC2 ping PC3

图 3.42 （续）

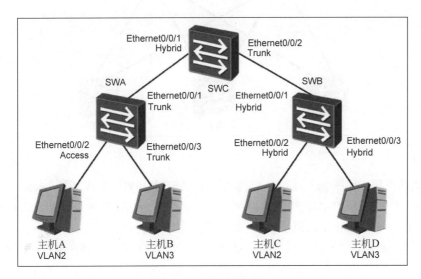

图 3.43 综合实验拓扑

3.2.6 小结

本节介绍了 VLAN 的应用场景，以及 VLAN 的实现方法，还介绍了华为交换机接口的 3 种模式，分别是 Access、Trunk、Hybrid，最后对各种模式做了实验演示。

本节内容相对比较抽象，需要记忆的规则较多，同时又非常重要，日常工作中经常用到，需要掌握到融会贯通的程度。建议多做实验，可以增加命令熟练度，又可以增加对各种不同模式的理解。

3.3 STP 原理与配置

为了提高网络可靠性,二层交换网络中通常会使用冗余链路。然而,冗余链路会带来环路问题。STP 协议(Spanning Tree Protocol,生成树协议)可以避免网络环路带来的问题,还可以在链路故障的时候自动恢复业务。

3.3.1 二层环路带来的问题

如图 3.44 所示,为了提高链路可靠性,交换机之间都采用备份链路,防止链路故障的时候业务中断。

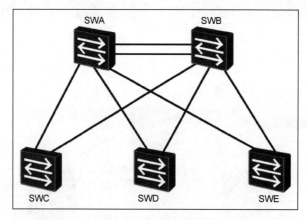

图 3.44 二层冗余链路

广播风暴问题:如图 3.45 所示,交换机 SWA、SWB、SWC 形成环路,主机 A 和主机 B 通信的时候,首先要通过 ARP 协议获得对方的 MAC 地址,ARP 协议的目标 MAC 是广播 MAC 地址 FF-FF-FF-FF-FF-FF。

主机 A 发送一个广播报文给 SWB,SWB 会给 0、1 端口各发一份,SWA 收到之后会给 0 端口发一份,SWC 收到之后会给 1、2 端口各发一份,然后又回到 SWB,此时 SWB 还会继续转发,给 0、2 端口各发一份,如此循环不停,顺时针和逆时针方向都会有环路。

广播报文随着时间推移会不断累加,最终设备端口带宽都被占满,设备崩溃。

MAC 地址表振荡问题:如图 3.46 所示,主机 A 发送 ARP 报文给 SWB,SWB 会分析该报文的源 MAC 地址,并更新到 MAC 地址表,添加表项:00-05-06-07-08-AA 端口 G0/0/3。

因为这是一个广播报文,经过 SWA、SWC 之后又回到 SWB,此时是从 G0/0/2 收到的,因此 SWB 会更新 MAC 地址表,将原来的删掉,更新为:00-05-06-07-08-AA 端口 G0/0/2。

此时如果有其他主机发送报文给主机 A,SWB 查表发现主机 A 在 G0/0/2 端口下,报文发往此端口将无法正确转发给主机 A,导致业务中断。稍后主机 A 再次发出 ARP 报文,SWB 又重新更新到正确的表项,这样就会导致 MAC 地址表振荡,业务时通时不通。

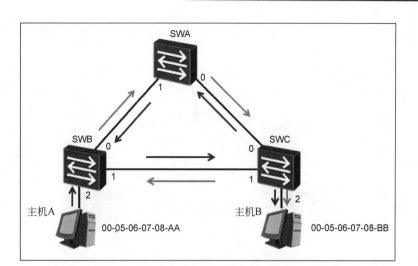

图 3.45 环路广播风暴示意图

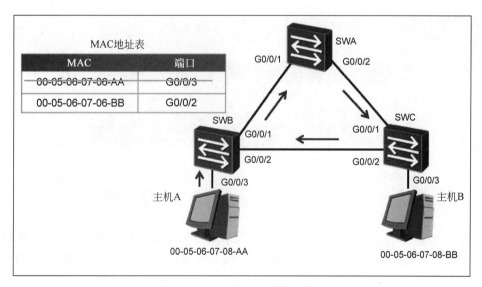

图 3.46 MAC 地址表振荡示意图

因为有广播风暴和 MAC 地址表振荡问题,二层网络不应该存在环路。破除环路有两种办法,一种是手动拔插,但是业务中断时间较长,另外一种是靠协议自动控制,这个协议就是 STP 协议。

3.3.2 STP 基本原理

前面介绍以太网帧结构的时候,介绍了两种帧结构,一种是 Ethernet_II 帧,这是用来封装实际业务报文的,例如 ping 报文,另一种是 IEEE 802.3 帧,这是用来封装二层协议报文的,STP 报文就是用这种格式。

如图 3.47 所示,STP 通过 BPDU(Bridge Protocol Data Unit,桥协议数据单元)交互信息。

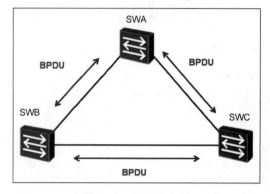

图 3.47　BPDU 交互

STP 使用的帧结构,如图 3.48 所示,里面封装了当前交换机相关的一系列信息,如交换机优先级、MAC 地址、接口数量、各接口带宽、接口优先级等。

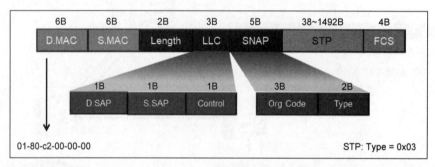

图 3.48　STP 帧结构

交换机收集这些信息之后就可以计算出应该阻塞哪个端口。如图 3.49 所示,SWC 通过计算得知左边端口应该阻塞,该端口被阻塞之后,网络中不存在环路,从而避免了网络风暴和 MAC 表振荡问题。

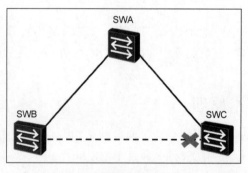

图 3.49　阻塞端口避免环路

注：交换机阻塞的是业务报文，STP 报文并没有被阻塞，BPDU 还是可以在 SWB 和 SWC 之间的链路上转发。

3.3.3 STP 计算过程

阻塞端口是怎么计算出来的呢？主要通过 4 个步骤，如图 3.50 所示：

步骤 1：根据各个交换机的优先级选取一个根桥（Root Bridge）；

步骤 2：每个非根交换机选取一个根端口（R：Root port），即距离根桥最近的端口；

步骤 3：为每条链路选取一个指定端口（D：Designated port），即距离根桥最近的端口；

步骤 4：非 R 非 D 端口就是阻塞端口（A：Alternative Port）。

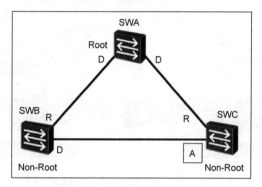

图 3.50 阻塞端口计算过程

注：步骤 2 是从交换机的角度来看，例如 SWB 有 2 个端口，比较哪个端口离根桥最近，步骤 3 是从链路的角度来看，例如图中下方那条链路，比较左右两个端口哪个距离根桥近。

下面介绍各个步骤的具体实现过程。

步骤 1：选取根桥。如图 3.51 所示，根据交换机优先级选取根桥，首先比较交换机优先级，优先级取值范围是 0～65 535，默认优先级为 32 768，如果优先级一样，就比较 MAC 地址，值越小优先级越高。

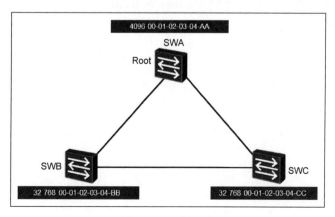

图 3.51 根桥选取

图中 SWA 的优先级是 4096,SWB 和 SWC 的优先级都是 32 768,因此 SWA 优先级最高,是根桥(Root)。此外,SWB 的 MAC 地址比 SWC 的值小,因此 SWB 的优先级又比 SWC 的高。

步骤 2:非根交换机选取根端口(R 端口)。 如图 3.52 所示,共有 5 台交换机,分别是 SWA、SWB、SWC、SWD、SWE,其中 SWA 是根桥,SWB、SWC、SWD、SWE 是非根交换机,这一步就是为非根交换机选取根端口。

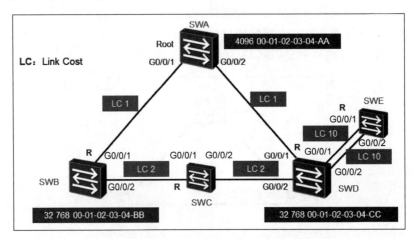

图 3.52 非根交换机选取根端口

根端口指离根桥最近的端口,与根桥距离的远近通过链路开销来计算,每条链路都有开销值,跟链路带宽有关,带宽越大开销越小,例如 100Mb/s 的接口开销是 1,50Mb/s 的接口开销是 2,10Mb/s 的接口开销是 10,简单的计算公式:100Mb/s/接口带宽=开销。

图中 LC 指的就是链路开销,LC 1 指链路开销值为 1。

SWB 有 2 个接口,到达根桥 SWA 的路径分别是:

G0/0/1:SWB→SWA,途经 1 条链路。

G0/0/2:SWB→SWC→SWD→SWA,途经 3 条链路。

对应的开销分别是:

G0/0/1:1。

G0/0/2:2+2+1=5。

G0/0/1 到达根桥的开销最小,因此 G0/0/1 就是 SWB 的根端口。SWD 根端口的选取与 SWB 相似。

SWC 有 2 个接口,到达根桥 SWA 的路径分别是:

G0/0/1:SWC→SWB→SWA,途经 2 条链路。

G0/0/2:SWC→ SWD→SWA,途经 2 条链路。

对应的开销分别是:

G0/0/1:2+1=3。

G0/0/2：2＋1＝3。

2 个端口开销值一样，此时要判断接口对端交换机的优先级，接口 G0/0/1 对端的交换机是 SWB，G0/0/2 对方的交换机是 SWD。根据前面介绍的规则，SWB 的优先级高于 SWD，因此 G0/0/1 是 SWC 的根端口。

SWE 有两个端口，开销值一样都是 11，对端是同一台交换机，优先级一样，此时要判断对端接口 ID，SWE 的 G0/0/1 对端的接口 ID 是 SWD 的 G0/0/1，SWE 的 G0/0/2 对端的接口 ID 是 SWD 的 G0/0/2，值越小越优，因此 SWE 的根端口是 G0/0/1。

步骤 3：为每条链路选取一个指定端口（D 端口）。 如图 3.53 所示，3 台交换机之间共有 4 条链路，分别是左上链路 L1，右上链路 L2，底部链路 L3，右下角链路 L4。

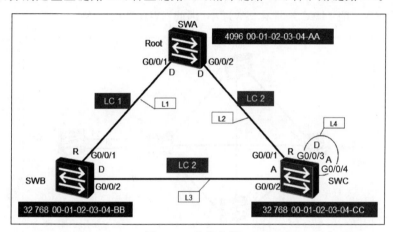

图 3.53 选指定端口

根桥的所有端口都是指定端口，因此 L1 的 D 端口是 SWA 的 G0/0/1 口，L2 的 D 端口是 SWA 的 G0/0/2 口。

L3 左右两个端口怎么选 D 端口呢，和根端口类似，也是通过计算距离根桥的开销来确定的，左边端口的开销是 2＋1＝3，右边端口的开销是 2＋2＝4，左边的开销更小，因此 L3 的左边端口是 D 端口。

L4 链路两端距离根桥的开销一样，交换机优先级一样，此时比较端口优先级，端口 3 的值小一点，优先级更高，因此 SWC 的 G0/0/3 端口是 D 端口。

步骤 4：非 R 非 D 端口就是阻塞端口（A 端口）。 图 3.53 中，SWC 的 G0/0/2 和 G0/0/4 不是 R 端口，也不是 D 端口，它就是 A 端口，因此会被阻塞，阻塞之后，网络中就不存在环路了。

总结一下 STP 的工作过程如下。

① 选取根桥（Root）：比较交换机的优先级，如果优先级一样，则比较交换机的 MAC 地址大小；

② 选取根端口（R 端口）：比较交换机各端口到达根桥的 cost，如果 cost 相等则比较对端交换机的优先级，如果对端交换机优先级相等则比较对端端口的优先级（端口也有优先级，默认值是 128，一般不做配置，实际上比较的是端口的编号）；

③ 选取指定端口(D端口)：首先,根桥的每个端口都是 D 端口,接着,看其他不与根桥直连的链路,比较其两端到达根桥的 cost,如果相等,则比较对端交换机优先级,如果优先级相等则比较对端端口号；

④ 非 R 非 D 端口就是 A 端口。

STP 协议中,都是值越小越优,包括交换机的优先级、MAC 地址、端口优先级、端口号。

所有这些参数都在 STP 的 BPDU 报文中交互,然后交换机通过计算,来确定本交换机各个端口的角色。

举例说明：如图 3.54 所示,共有 SWA、SWB、SWC、SWD、SWE 5 台交换机,各交换机的优先级、MAC 地址和各个链路的 cost 见图中标注。其中 SWB 和 SWD 的优先级最高,都是 4096,但是 SWB 的 MAC 地址比 SWD 小,因此 SWB 是根桥 Root。

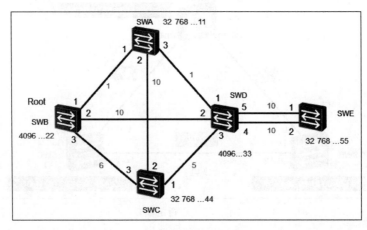

图 3.54　STP 拓扑示例

根端口选取：

SWA 有 3 个端口,到达根桥 SWB 的路径和 cost 如下。

端口 1：SWA→SWB,cost=1,根端口(R)；

端口 2：SWA→SWC→SWB,cost=15；

端口 3：SWA→SWD→SWB,cost=11。

SWC 有 3 个端口,到达根桥 SWB 的路径和 cost 如下。

端口 1：SWC→SWD→SWA→SWB,cost=7；

端口 2：SWC→SWA→SWB,cost=11；

端口 3：SWC →SWB,cost=6,根端口(R)。

SWD 有 3 个端口,到达根桥 SWB 的路径和 cost 如下。

端口 1：SWD→ SWA→SWB,cost=2,根端口(R)；

端口 2：SWD→ SWB,cost=10；

端口 3：SWD→SWC→SWB,cost=11。

SWE 有 2 个端口,到达根桥 SWB 的 cost 相同,对端交换机优先级相同,取对端端口号最小的,因此 SWE 的端口 2 是根端口(R)。各个交换机的 R 端口分布如图 3.55 所示。

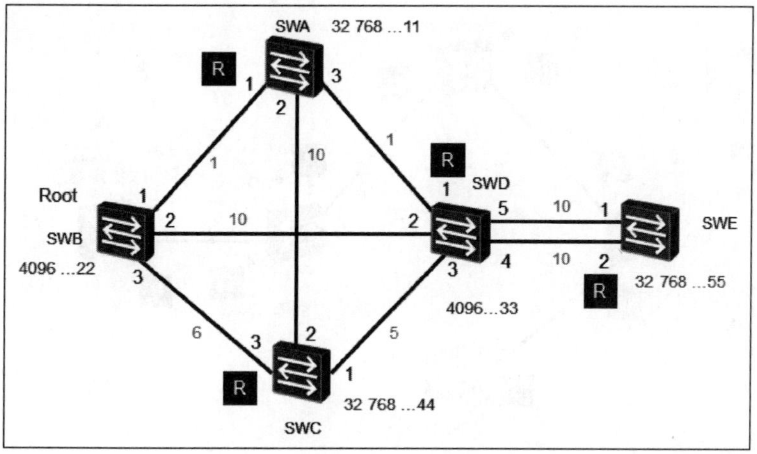

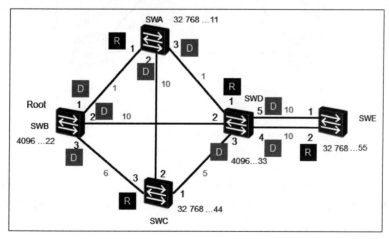

图 3.55 非根交换机的 R 端口选取

指定端口选取:

根交换机的所有端口都是 D 端口,因此 SWB 的 1、2、3 端口都是 D 端口;

SWA-SWC 之间的链路:上端 cost 为 10+1=11,下端 cost 为 10+6=16,因此 SWA 的端口 2 是 D 端口;

SWA-SWD 之间的链路:上端 cost 为 1+1=2,下端 cost 为 1+10=11,因此 SWA 的端口 3 是 D 端口;

SWC-SWD 之间的链路:上端 cost 为 5+1+1=7,下端 cost 为 5+6=11,因此 SWD 的端口 3 是 D 端口;

SWD-SWE 之间的两条链路:左边接口距离根桥最近,因此 D 端口都在链路左边。

各链路的 D 端口分布如图 3.56 所示。

图 3.56 各链路指定端口选取

非 R 非 D 端口会被阻塞,因此最后的生成树如图 3.57 所示。

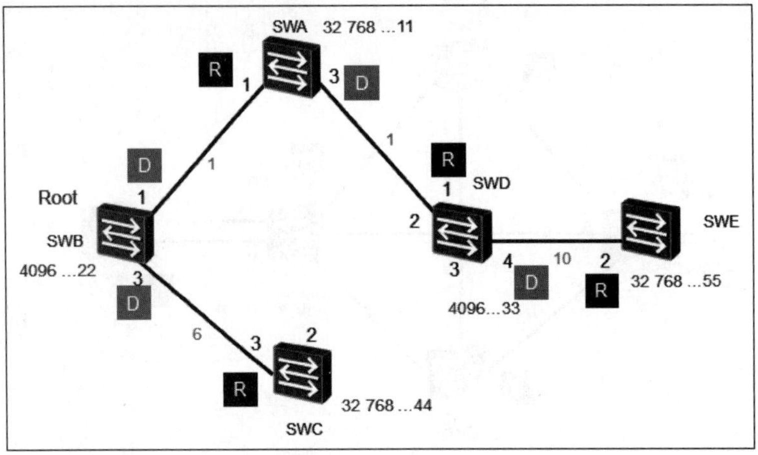

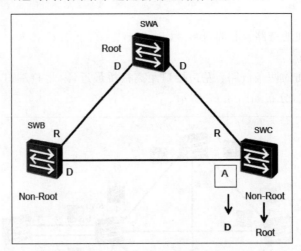

图 3.57　最终生成树

3.3.4　临时环路问题

如图 3.58 所示,最开始的时候 SWA 是 Root,SWC 的左边端口是 A 端口。后来修改了 SWC 的优先级,SWC 变成了 Root,根据规则,SWC 左边的端口肯定是 D 端口,如果 A 端口马上变为 D 端口,短时间内网络中还是会有环路存在。

图 3.58　临时环路

为了避免临时环路存在,A 端口切换到 D 端口的时候,需要经过两个中间状态,每个状态持续 15s,共需要 30s。30s 内,新的 A 口被选出来,就可以避免临时环路的存在。

交换机端口共有 5 种状态,分别如下。

① Disabled:禁用状态。端口不能处理任何报文,使用命令 disable 后进入该状态;

② Blocking：阻塞状态。端口只能接收 BPDU，不能发送报文，A 端口处于这种状态；

③ Forwarding：转发状态。端口可以收发任何报文，R 端口和 D 端口处于这种状态；

④ Listening：侦听状态。端口可以收发 BPDU 报文，但不能收发业务报文；

⑤ Learning：学习状态。端口可接收业务报文（更新 MAC 表），不能发送业务报文。

A 端口切换到 D 端口需要经过如下状态，如图 3.59 所示。

图 3.59　A 端口到 D 端口的切换过程

3.3.5　故障恢复过程

交换机在根桥选取前，都认为自己是根桥，主动发 BPDU 给旁边的交换机，各个交换机通过比较优先级选取出根桥之后，只有根桥才周期性发 BPDU，如图 3.60 所示。

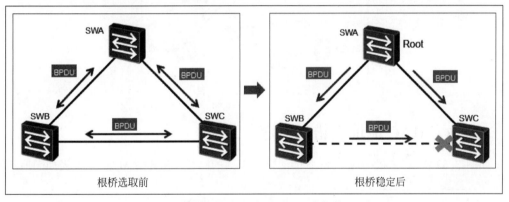

图 3.60　根桥选取前后 BPDU 发送情况

如果根桥出现故障，网络怎么恢复业务呢？如图 3.61 所示，SWA 是 Root，正常工作的时候会周期性发 BPDU 给各个交换机。如果 SWA 出现故障，网络中就没有 BPDU 更新，经过 20s 后，之前根桥发的 BPDU 老化删除，SWB 和 SWC 开始互发 BPDU，重新选取根桥。

SWC 左边的端口是 A 端口，BPDU 老化后，还要经过 Listening 和 Learning 这两个状态才能进入正常转发状态，需要时长 20＋15＋15＝50s，也就是说根桥失效后，恢复业务需要 50s。

如果链路出现故障，如何恢复呢？

如图 3.62 所示，SWB 和 SWA 之间的链路出现逻辑故障，而非物理故障。

SWB 认为 SWA 失效，因此尝试发送 BPDU 给 SWC，但是 SWC 能收到 SWA 发来的BPDU，知道 Root 还正常工作，因此忽略来自 SWB 的 BPDU，但是 SWC 左边的 A 端口一直收不到 SWA 发的 BPDU，因此 20s 后会开始切换到 D 端口，A 端口切换到 D 端口还需要经过两个中间状态，因此恢复业务共需要 20＋15＋15＝50s。

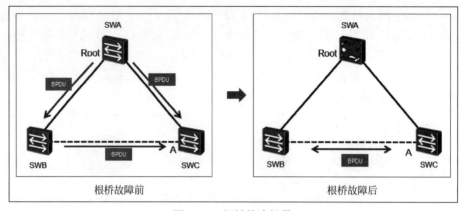

图 3.61 根桥故障场景

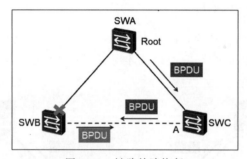

图 3.62 链路故障恢复

3.3.6 MAC 地址表错误问题

如图 3.63 所示,主机 A 和主机 B 的通信走上面的路径,SWB 的 MAC 地址表如图所示。

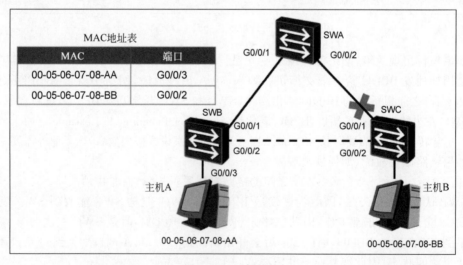

图 3.63 示例拓扑

后来 SWC 的 G0/0/1 口出现故障,路径改为下面那条链路,但是 SWB 的 MAC 表项没有更新,因为交换机的 MAC 表项是根据 ARP 报文来更新的,交换机链路故障,但是主机A、主机 B 本身还有 ARP 缓存表,并不会再发 ARP 请求,所以不会更新。

交换机的 MAC 表老化时间是 300s,因此 300s 内,主机 A 发往主机 B 的报文,SWB 会从 G0/0/1 转发出去,最终无法到达主机 B。这种情况下,业务恢复时间需要 300s。

为了解决这个长时间业务中断问题,STP 引入了拓扑更新机制,如图 3.64 所示,SWC感知到 G0/0/1 出现故障后,通过一系列动作强制刷新 MAC 地址表,具体过程如下。

① SWC 往 G0/0/2 发送 TCN(Topology Change Notification,拓扑变更通知);

② SWB 收到 TCN 后,给 SWC 回 TCA,让 SWC 停止发 TCN;

③ SWB 给根桥 SWA 转发 TCN;

④ SWA 发 TC 给 SWB,通知 SWB 刷新 MAC 地址表;

⑤ SWB 给 SWC 转发 TC,通知 SWC 刷新 MAC 地址表。

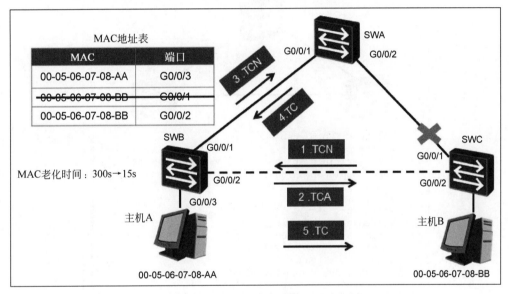

图 3.64 网络拓扑刷新过程

交换机收到从根桥发来的 TCN 后,将自己的 MAC 地址表老化时间改成 15s(可配置),15s 后,MAC 地址表被清空,此时如果收到主机 A 发往主机 B 的报文时,对 SWB 来说就是未知单播,根据规则会泛洪到各个端口,SWC 也同样泛洪,业务恢复。后续再通过 ARP 报文更新 MAC 地址表。

这个 MAC 更新过程和 listening、learning 状态同时进行,因此网络最大业务中断时间是 50s。

3.3.7 STP 配置

如图 3.65 所示，STP 主要有以下几个常用配置命令：

stp disable：停止使用 STP 功能；

stp enable：开始使用 STP 功能；

stp mode：选择 STP 模式，共有 3 个，RSTP 和 MSTP 下一节再介绍，华为交换机默认开启 STP，模式是 MSTP；

stp priority：配置交换机的优先级；

stp pathcost-standard：指定链路 cost 的计算标准，同样的带宽，不同标准算出来的 cost 值不一样，默认采用 dot1t 标准；

stp cost 2000：对接口强制指定 cost 值，一般不建议这么配置，可能会产生次优路径。

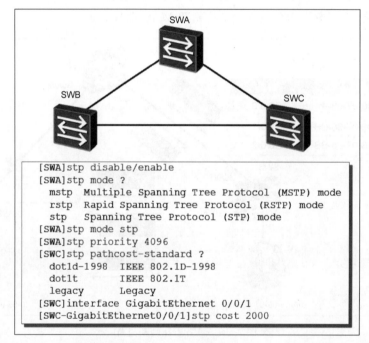

Speed	Link type	802.1D cost	802.1t cost
10Mb/s	Half Duplex	100	2 000 000
	Full Duplex	95	1 999 999
	Aggregated link	90	1 000 000
100Mb/s	Half Duplex	19	200 000
	Full Duplex	18	199 999
	Aggregated link	15	100 000
1000Mb/s	Full Duplex	4	20 000
	Aggregated link	3	10 000

图 3.65　STP 配置命令和路径 cost 计算标准

查看实验结果,如图 3.66 所示,使用 display stp 查看相关信息,上面方框内是当前交换机信息,下面方框内是当前接口相关信息。

```
[Huawei]display stp
-------[CIST Global Info][Mode MSTP]-------
CIST Bridge          :32768.4c1f-cc04-3a3f  //当前交换机的优先级和MAC
Config Times         :Hello 2s MaxAge 20s FwDly 15s MaxHop 20 //每2s发一个BPDU，超时计时器是20s，每个
Active Times         :Hello 2s MaxAge 20s FwDly 15s MaxHop 20 状态延迟15s，网络最大条数20跳
CIST Root/ERPC       :32768.4c1f-cc04-3a3f / 0 //根桥的优先级和MAC，可以看出来当前交换机就是根桥
CIST RegRoot/IRPC    :32768.4c1f-cc04-3a3f / 0
CIST RootPortId      :0.0                      //CITS是MSTP的概念，先不管
BPDU-Protection      :Disabled
TC or TCN received   :5
TC count per hello   :0
STP Converge Mode    :Normal
Time since last TC   :0 days 0h:10m:44s
Number of TC         :4
Last TC occurred     :Ethernet0/0/1
----[Port1(Ethernet0/0/1)][FORWARDING]----
  Port Protocol      :Enabled
  Port Role          :Designated Port  //接口的角色，当前接口是D口
  Port Priority      :128  //端口优先级，端口优先级实际上是：128 + 端口ID
  Port Cost(Dot1T )  :Config=auto / Active=1 //接口开销，自动计算
  Designated Bridge/Port   :32768.4c1f-cc04-3a3f / 128.1
  Port Edged         :Config=default / Active=disabled
  Point-to-point     :Config=auto / Active=true
  Transit Limit      :147 packets/hello-time
  Protection Type    :None
  Port STP Mode      :MSTP   //STP模式，华为交换机默认是MSTP
  Port Protocol Type :Config=auto / Active=dot1s
  BPDU Encapsulation :Config=stp / Active=stp
  PortTimes          :Hello 2s MaxAge 20s FwDly 15s RemHop 20
  TC or TCN send     :2
  TC or TCN received :4
  BPDU Sent          :319
           TCN: 0, Config: 0, RST: 0, MST: 319
  BPDU Received      :4
           TCN: 0, Config: 0, RST: 0, MST: 4
----[Port2(Ethernet0/0/2)][FORWARDING]----
```

图 3.66　查看 STP 相关参数

实验建议:自己设计各种拓扑,各链路都使用 Ethernet 100M 口,这样每一条链路的 cost 都一样,方便计算,如图 3.67 所示。

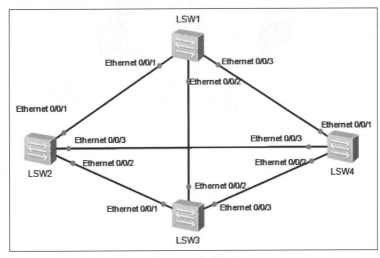

图 3.67　实验拓扑

拓扑搭建好之后,使用 display stp 查看各个交换机的优先级,然后按照前面介绍的方法计算根桥、根端口、指定端口、阻塞端口,再用命令查询各个接口的模式,验证 R 端口、D 端口、A 端口所处的位置是不是和计算的一致。

3.3.8　小结

本节介绍了 STP 的应用场景和工作原理,还介绍了网络发生故障时的恢复过程,以及相关配置。

本节内容是重点也是难点,初学的时候很抽象,特别是以前学过又没有学懂的读者,头脑里很多杂念,学起来更加费劲。建议清空头脑里的杂念,按照课程里面介绍的步骤一步步来学习,再多做实验加以练习。

3.4　RSTP 与 MSTP 原理与配置

STP 虽然能够解决环路问题,但是收敛速度慢,最长需要 50s 才能恢复业务,影响了用户通信质量。RSTP(Rapid Spanning-Tree Protocol,快速生成树协议)在 STP 基础上进行了改进,实现了网络拓扑快速收敛。

MSTP(Multi Spanning-Tree Protocol,多生成树协议)在 RSTP 的基础上进行了扩展,一个网络中同时存在多个生成树,可以优化网络的转发效率。

3.4.1　RSTP 原理

RSTP 可以实现快速收敛,收敛时间缩小到 3～5s,如图 3.68 所示。

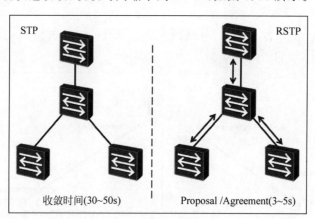

图 3.68　STP 与 RSTP 的差异

RSTP 主要是通过以下几个机制实现快速收敛:

① 备份端口;

② 边缘端口;

③ P/A 机制。

备份端口：如图 3.69 所示，SWC 的 G0/0/1 和 G0/0/2 同时连接到右边的 Hub，相当于一个物理环路。STP 中，SWC 的 G0/0/1 是 D 端口，G0/0/2 是 A 端口，如果 G0/0/1 发生故障，G0/0/2 恢复业务需要 50s，但实际上业务可以立刻恢复，因为右边网络不存在临时环路问题。

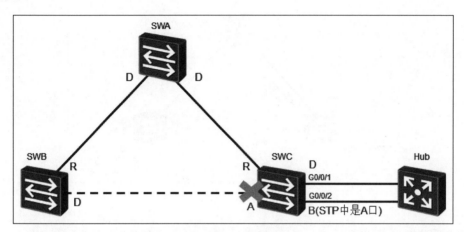

图 3.69　备份端口

在这个场景下，RSTP 会将 G0/0/2 置为 B 端口（Backup，备份端口），如果 G0/0/1 发生故障，G0/0/2 可以马上恢复业务。

边缘端口：如图 3.70 所示，SWC 的 G0/0/1 口连接终端，没有必要参与 STP 计算，可以直接从 Disabled 变成 Forwarding 状态，无需再经过 Listening 和 Learning 状态。

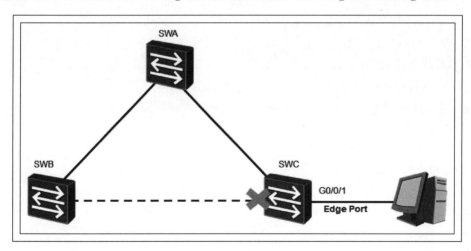

图 3.70　边缘端口

但是如果将计算机替换为交换机，在其向 SWC 的 G0/0/1 发送 RSTP 报文之后，该端口会重新变成普通端口，参与 RSTP 计算。

P/A 机制(Proposal/Agreement):如图 3.71 所示,刚开始的时候 SWA、SWB、SWC 的优先级都是默认值 32 768,其中 SWA 的 MAC 地址最小,因此 SWA 是 Root。经过计算,SWC 的 G0/0/1 口是 A 端口,被阻塞。

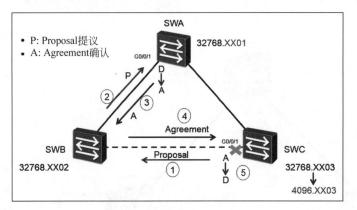

图 3.71　P/A 机制工作过程

后来手动修改了 SWC 的优先级,从 32 768 改成 4096,SWC 成为新的 Root,G0/0/1 口成为 D 端口。RSTP 中,SWC 通过 P/A 机制让 G0/0/1 快速进入转发状态,具体过程如下:

① SWC 给 SWB 发 Proposal,咨询 SWB,自己是否可以进入转发状态;

② SWB 不知道新的 A 端口在哪里,发送 Proposal 给 SWA,把球踢给 SWA;

③ SWA 的 G0/0/1 是新的 A 端口,可以确定网络不会存在环路,所以回 Agreement 给 SWB;

④ SWB 收到 SWA 的 Agreement 之后,也发 Agreement 给 SWC;

⑤ SWC 的 G0/0/1 收到 Agreement 之后,确定新的 A 端口已经存在,不会有环路,立刻进入转发状态,成为 D 端口。

这个过程看起来步骤很多,但实际上交换机很短时间内就可以完成。

除了上面 3 个优化点之外,RSTP 与 STP 还有 2 个差异点:

① Hello BPDU 发送差异;

② 拓扑变化处理差异。

Hello 报文发送差异:如图 3.72 所示,根桥稳定之后,每个交换机都会发 Hello BPDU,STP 只有根桥才能发 Hello BPDU。

拓扑变化差异:如图 3.73 所示,SWA 是 Root,SWC 的 G0/0/2 口最开始是 A 端口,后来 SWC 的 G0/0/1 口发生故障。

SWA 感知到 G0/0/1 口状态变化后,马上清除 G0/0/1 口相关的 MAC 地址表项。SWC 为了快速恢复业务,从 G0/0/2 口发出 Proposal,SWB 收到这个 Proposal 后也向 SWA 发 Proposal,同时将 Proposal 的出接口,也就是 SWB 的 G0/0/1 接口相关的 MAC 地址表项清除,防止业务报文发送到错误的端口。

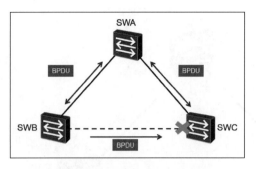

图 3.72 RSTP 的 Hello BPDU

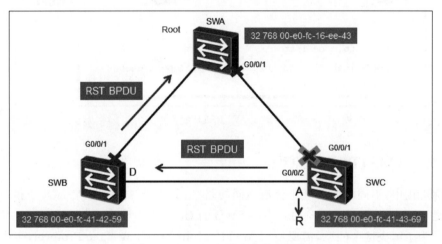

图 3.73 RSTP 拓扑变化处理机制

　　如果网络中有多台交换机,途经的每台交换机都会将发出 Proposal 的接口相关的 MAC 地址表项清除。大家可以自己比较一下 STP 与 RSTP 的差异。

　　关于 RSTP 与 STP 的兼容性,当同一个网段里既有工作在 STP 模式的交换机又有工作在 RSTP 模式的交换机时,STP 交换机会忽略接收到的 RSTP BPDU,而 RSTP 交换机在某端口上接收到 STP BPDU 时,会在等待两个 Hello Time 时间之后,把自己的端口切换到 STP 工作模式,此后便发送 STP BPDU,这样就实现了兼容性操作。全网同步成 STP 之后,收敛速度变慢,一般不这么用。

3.4.2 RSTP 配置

　　RSTP 配置与 STP 配置类似,不过多了几个特性,如图 3.74 所示。

　　SWC 的 G0/0/3 接口配置了边缘端口后,如果收到 BPDU 会变成普通端口。配置 BPDU 保护功能后,如果边缘端口收到 BPDU 报文,该端口将会被立即关闭,并通知网管系统。被关闭的边缘端口只能通过管理员手动恢复,以防止非法接入交换机,影响网络拓扑结构。

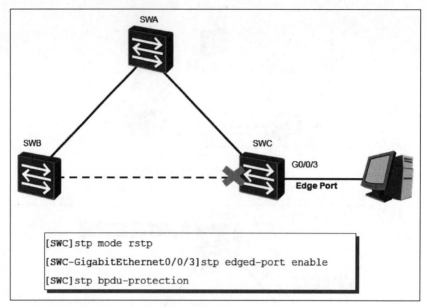

图 3.74　RSTP 配置

3.4.3　MSTP 工作原理

　　实际应用中,不同的业务可能会走不同的路径,如图 3.75 所示,VLAN 2 和 VLAN 3 的业务走不同路径,如果此时通过计算将 SWD 的 G0/0/1 口阻塞,那么 VLAN 3 的业务会受影响。为了解决这个问题,需要使用 MSTP(Multi Spanning Tree Protocol,多生成树协议),在一个网络中同时存在多个生成树,可以以 VLAN 为单位,一个 VLAN 一个生成树,也可以多个 VLAN 共享一个生成树。

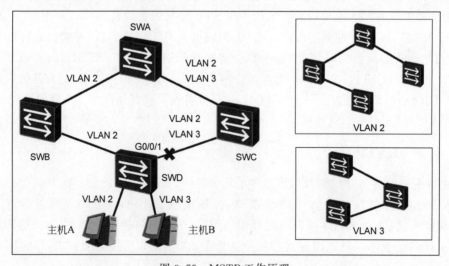

图 3.75　MSTP 工作原理

3.4.4 小结

本节主要介绍了 RSTP,另外简要介绍了 MSTP 的工作背景。RSTP 采用了多个快速收敛机制,其中最主要的是 P/A 机制,大大减少了业务恢复时间,从 STP 的 50s 减到 3～5s。MSTP 支持多个生成树,其收敛时间和 RSTP 一样,也是 3～5s。

第 4 章

路由器工作原理

本章主要介绍路由器相关的内容,分为 4 节,分别是:

① 路由器基本工作原理;

② 静态路由原理和配置;

③ OSPF 协议原理和配置;

④ VLAN 间路由和配置。

本章内容也是一个核心知识版块,学完之后可以掌握路由器配置和维护等操作。

4.1 路由器工作原理

交换机工作于链路层,对链路层协议的处理比较高效,一般用于企业内部组网;路由器工作于网络层,对网络层相关协议处理比较高效,一般用于企业网络出口处,实际应用场景如图 4.1 所示。

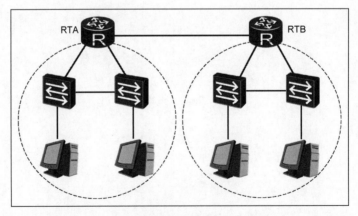

图 4.1 路由器和交换机的工作位置

以上工作场景并不是绝对的,有些公司内部网络比较庞大,也可以在各个部门之间使用路由器。

交换机网络中不允许环路存在,通过生成树协议计算之后,路径唯一。但是在路由器网络中允许环路存在,如图4.2所示,从RTA出发,去往1.1.1.1,应该走哪条路径呢?

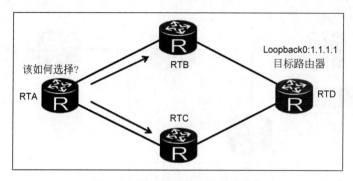

图4.2　路由器如何选择最优路径

注:3层网络通过IP头的TTL字段避免环路问题。

路由器里面有一个路由表,用来指导路由器报文的转发,如图4.3所示,可以通过display ip routing-table命令查询路由表。为了方便说明,在路由表每个条目左侧做了编号。

```
[Huawei]display ip routing-table
Route Flags: R - relay, D - download to fib
------------------------------------------------------------
Routing Tables: Public   Destinations : 2      Routes : 2
   Destination/Mask   Proto  Pre  Cost  Flags NextHop     Interface
1  0.0.0.0/0          Static  60   0      D    120.0.0.2   Serial1/0/0
2  8.0.0.0/8          RIP    100   3      D    120.0.0.2   Serial1/0/0
3  8.0.0.0/8          OSPF    10   50     D    20.0.0.2    Ethernet2/0/0
4  10.1.1.0/30        OSPF    10   4      D    20.1.1.2    G0/0/0
5  11.0.0.0/8         Static  60   0      D    120.0.0.2   Serial12/0/0
6  20.0.0.0/8         Direct  0    0      D    20.0.0.1    Ethernet2/0/0
7  20.0.0.1/32        Direct  0    0      D    127.0.0.1   LoopBack0
```

图4.3　路由表

路由表的每个字段表示什么意思呢? 如图4.4所示,RTA收到一个IP报文,其目标IP是10.1.1.2,RTA通过查表,发现可以命中路由表的第4条。Destination/Mask指的是目标网段和掩码,用来匹配IP报文里的目标IP。

RTA要将这个报文从接口G0/0/0发出去,并且交给RTB而不是RTD,所以要指定下一跳是RTB的G0/0/1接口,因此路由表里的NextHop填的就是20.1.1.2,RTA发出去的以太网报文的目标MAC就是RTB G0/0/1的MAC地址,路由表里的Interface字段指的是RTA的出接口G0/0/0。

除了Destination/Mask、NextHop、Interface之外,路由表里还有其他几个字段:

Proto:Protocol,表明这条路由信息来自哪里。例如第4个条目填的是OSPF,表示是通过OSPF协议获取的。路由条目来源有多种,后面再详细展开介绍。

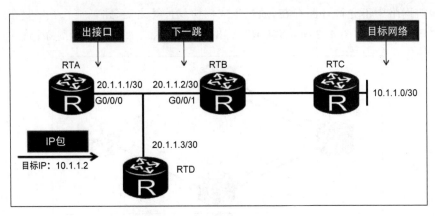

图 4.4　路由转发示例图

Pre：Preference,路由优先级,和 Proto 有映射关系。例如第 4 条,是通过 OSPF 获取的,优先级是 10；第 2 条,是通过 RIP 获取的,优先级是 100。数值越小优先级越高。

Cost：路径开销,指从本路由器到达目标网段的总开销,与路径上的带宽和跳数有关。

Flags：路由标识,通常都是 D,表示此条目已经下发到 fib(forwarding information base),fib 是路由器里面另外一张更详细的表,跟机器硬件实现有关,真正指导报文转发的是 fib 表。

路由器具体是如何使用路由表的呢? 首先是最长匹配原则,如图 4.5 所示,RTA 收到一个去往 10.1.1.4 的 IP 报文,查路由表的时候里面有 2 个条目都能匹配,但是下方的条目匹配更长,更精准,因此会优选 10.1.1.0/24 这个路由条目。

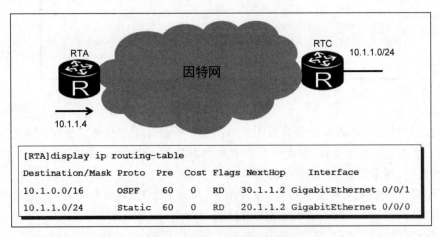

图 4.5　路由最长匹配原则

如果路由表中同时存在 2 个最长匹配一样的条目怎么办? 如图 4.6 所示,上面路径来自 OSPF,下面路径来自 RIP,同样是去往 10.1.1.0/30 网段,RTA 有 2 种不同的来源,目标网段和掩码一致。

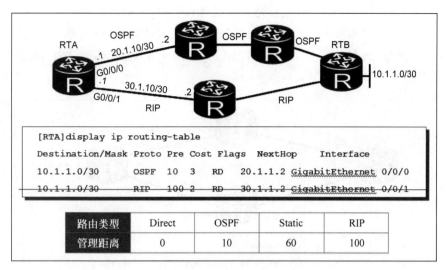

图 4.6 目标网段一致的场景

此时要根据路由条目优先级来决定,通过 OSPF 获取的路由条目优先级是 10,通过 RIP 获取的路由条目优先级是 100,因此会选择来自 OSPF 的路由条目。

注:通过 RIP 获取到的路由条目不会出现在路由表里。

路由条目来源通常有 4 种,分别是 Direct、OSPF、Static 和 RIP。Direct 指路由器的直连网段,如图 4.6 中 RTA 的 G/0/0/0 接口 IP 是 20.1.1.1/30,此时 RTA 路由表里直接就有 20.1.1.0/30 这个条目,它的优先级是 0,最高优先级。Static 指静态路由,通过手工配置。OSPF 和 RIP 是动态路由,可以自动学习,OSPF 比 RIP 更高效,cost 也更精确,因此优先级比 RIP 高。

如果网络中出现两个条目的路由优先级一样怎么办? 如图 4.7 所示,RTA 去往 10.1.1.0 有两条路径,都是通过 OSPF 学习获取的,目标网段一致,优先级也一致。

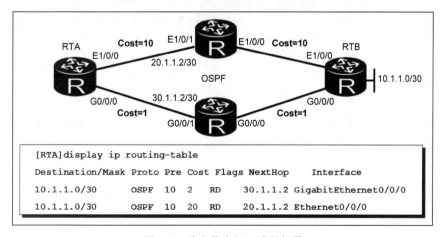

图 4.7 路由优先级一致的场景

此时要根据路径开销来决定，上面链路用的是百兆口，下面链路用的是千兆口，下面路径的 cost 更小，因此会选择下面那条路径，RTA 转发报文的时候会从 G0/0/0 发出去。

如果目标网段、路由来源、cost 也一样怎么办，如图 4.8 所示，RTA 去往 10.1.1.0 有两条路径，都是通过 OSPF 获取的，cost 也一样。

```
[RTA]display ip routing-table
Destination/Mask Proto Pre Cost Flags NextHop     Interface
10.1.1.0/30      OSPF  10  2    RD    30.1.1.2 GigabitEthernet0/0/0
10.1.1.0/30      OSPF  10  2    RD    20.1.1.2 GigabitEthernet1/0/0
```

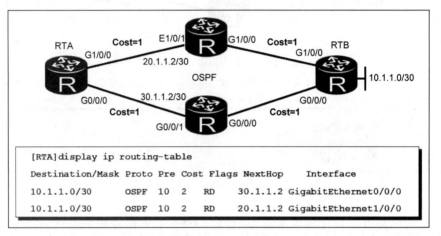

图 4.8　等价路由

此时两条路径同时生效，而且都会转发业务报文，形成等价路由。RTA 可以通过一定的规则来分配流量，例如根据目标 MAC 或者目标 IP，通过一定的算法算出一个值，然后决定流量走上面路径还是下面路径。等价路由的两个条目都会出现在路由表里，如图 4.9 所示。

```
[RTB]display ip routing-table
Route Flags: R - relay, D - download to fib
------------------------------------------------------------
Routing Tables: Public  Destinations : 13       Routes : 14
Destination/Mask  Proto Pre Cost Flags NextHop Interface
......
10.1.1.0/24       Static 60  0    RD 10.0.12.1 GigabitEthernet 0/0/0
                  Static 60  0    RD 20.0.12.1 GigabitEthernet 0/0/1
```

图 4.9　等价路由的路由表

总结一下路由器的转发规则，收到一个报文后，获得目标 IP，然后查找路由表：

① 匹配目标网段和掩码，选择最长匹配的路由条目；

② 如果有多条最长匹配一样的条目，比较优先级，选优先级最高的条目；

③ 如果有多条优先级一样的条目，比较 cost，选择 cost 最小的条目；

④ 如果有多条 cost 一样的条目，形成等价路由，同时生效。

4.2 静态路由工作原理与配置

路由表的路由来源可以分为 3 类,第一类是直连路由,第二类是静态路由,第三类是动态路由(OSPF、RIP)。其中直连路由不需要配置,只要给路由器接口配置了 IP 地址,就会自动添加一条直连路由,静态路由和动态路由需要配置才能获取,下面介绍静态路由的原理和配置。

静态路由是指由管理员手动配置和维护的路由,静态路由配置简单,并且无须像动态路由那样占用路由器的 CPU 资源计算和分析路由更新。

静态路由的缺点在于,当网络拓扑发生变化时,静态路由不会自动适应拓扑改变,而是需要管理员手动进行调整,在复杂的网络中维护不方便。

静态路由一般适用于结构简单的网络。在复杂网络环境中,一般会使用动态路由协议生成动态路由。不过,即使是在复杂网络环境中,合理地配置一些静态路由也可以改进网络的性能。

如图 4.10 所示,主机 A 和主机 B 之间有两个路由器 RTA、RTB,主机 A 的 IP 地址是 192.168.1.2,主机 B 的 IP 地址是 192.168.2.2。

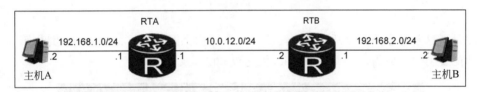

图 4.10 静态路由示例

各个主机和路由器配置好接口 IP 地址之后,查询路由器 B 的路由表如图 4.11 所示,共6 条直连路由,其中第 1、2、5、6 这 4 条直连路由在配置了接口 IP 地址之后自动获取(仔细观察一下掩码的区别),第 3、4 条路由是默认的本地环回地址。

```
[RTB]display ip routing-table
Route Flags: R - relay, D - download to fib
---------------------------------------------------------------
Routing Tables: Public
        Destinations : 6        Routes : 6

Destination/Mask    Proto   Pre  Cost       Flags NextHop       Interface

    10.0.12.0/24    Direct  0    0          D     10.0.12.2     Ethernet0/0/1
    10.0.12.2/32    Direct  0    0          D     127.0.0.1     Ethernet0/0/1
    127.0.0.0/8     Direct  0    0          D     127.0.0.1     InLoopBack0
    127.0.0.1/32    Direct  0    0          D     127.0.0.1     InLoopBack0
  192.168.2.0/24    Direct  0    0          D     192.168.2.1   Ethernet0/0/0
  192.168.2.1/32    Direct  0    0          D     127.0.0.1     Ethernet0/0/0
```

图 4.11 路由表状态

此时,主机 B ping 主机 A 的 IP 地址 192.168.1.2,报文到达 RTB,查路由表时无法匹配任何条目,因此报文会被丢弃。为了让 RTB 能把报文交给 RTA,就必须给 RTB 添加新的路由条目。

如图 4.12 所示,在路由器 B 上通过命令 ip route-static 添加静态路由。这个命令有 3 个参数:

第 1 个是目标网段,告诉路由器这是要去往哪里的;

第 2 个是目标网段对应的掩码;

第 3 个是下一跳 IP 地址,告诉路由器报文要转发给谁,填的是对方路由器的接口 IP 地址。

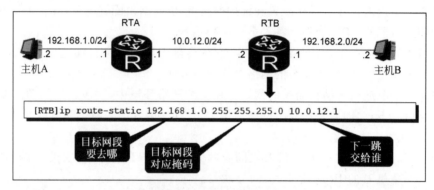

图 4.12 配置静态路由

配置了这条静态路由之后,RTB 就多了一个路由条目,如图 4.13 所示,倒数第 3 条就是手动配置的静态路由,Proto 是 Static,优先级 60。

```
[RTB]ip route-static 192.168.1.0 255.255.255.0 10.0.12.1
[RTB]disp ip routing-table
Route Flags: R - relay, D - download to fib
------------------------------------------------------------
Routing Tables: Public
        Destinations : 7        Routes : 7

Destination/Mask    Proto   Pre  Cost      Flags NextHop        Interface

     10.0.12.0/24   Direct  0    0          D    10.0.12.2      Ethernet0/0/1
     10.0.12.2/32   Direct  0    0          D    127.0.0.1      Ethernet0/0/1
    127.0.0.0/8     Direct  0    0          D    127.0.0.1      InLoopBack0
    127.0.0.1/32    Direct  0    0          D    127.0.0.1      InLoopBack0
    192.168.1.0/24  Static  60   0          RD   10.0.12.1      Ethernet0/0/1
    192.168.2.0/24  Direct  0    0          D    192.168.2.1    Ethernet0/0/0
    192.168.2.1/32  Direct  0    0          D    127.0.0.1      Ethernet0/0/0
```

图 4.13 RTB 的路由表

此时主机 B 再 ping 主机 A 的 IP 地址 192.168.1.2,RTB 收到该报文后,查路由表可以命中 192.168.1.0/24 这个条目,于是就发给 NextHop 10.0.12.1,将报文转交给 RTA。

RTA 收到该报文后,查询自己的路由表,如图 4.14 所示,192.168.1.0/24 是 RTA 的直连路由,因此可以命中路由表,RTA 据此将报文转交主机 A。

此时只配置了 RTB 的静态路由,主机 B ping 主机 A 并不能成功,因为 ping 命令其实包括了 icmp 里面的 Echo Request 和 Echo Reply 两个方向的报文,主机 A 收到 Echo Request 之后还要回 Echo Reply 给主机 B,主机 B 收到 Echo Reply 才算成功。

```
[RTA]disp ip routing-table
Route Flags: R - relay, D - download to fib
------------------------------------------------------------
Routing Tables: Public
        Destinations : 6        Routes : 6

Destination/Mask      Proto   Pre  Cost        Flags NextHop          Interface

      10.0.12.0/24    Direct  0    0           D     10.0.12.1        Ethernet0/0/1
      10.0.12.1/32    Direct  0    0           D     127.0.0.1        Ethernet0/0/1
      127.0.0.0/8     Direct  0    0           D     127.0.0.1        InLoopBack0
      127.0.0.1/32    Direct  0    0           D     127.0.0.1        InLoopBack0
     192.168.1.0/24   Direct  0    0           D     192.168.1.1      Ethernet0/0/0
     192.168.1.1/32   Direct  0    0           D     127.0.0.1        Ethernet0/0/0
```

图 4.14　RTA 的路由表

　　主机 A 回的报文里面,目标 IP 是主机 B 的 IP 地址 192.168.2.2,该报文到达 RTA 的时候,RTA 查路由表无法匹配任何条目,报文被丢弃。为了让报文通过,还应在 RTA 上添加一个静态路由,如图 4.15 所示。

```
[RTA]ip route-static 192.168.2.0 255.255.255.0 10.0.12.2
[RTA]display ip routing-ta
Route Flags: R - relay, D - download to fib
------------------------------------------------------------
Routing Tables: Public
        Destinations : 7        Routes : 7

Destination/Mask      Proto   Pre  Cost        Flags NextHop          Interface

      10.0.12.0/24    Direct  0    0           D     10.0.12.1        Ethernet0/0/1
      10.0.12.1/32    Direct  0    0           D     127.0.0.1        Ethernet0/0/1
      127.0.0.0/8     Direct  0    0           D     127.0.0.1        InLoopBack0
      127.0.0.1/32    Direct  0    0           D     127.0.0.1        InLoopBack0
     192.168.1.0/24   Direct  0    0           D     192.168.1.1      Ethernet0/0/0
     192.168.1.1/32   Direct  0    0           D     127.0.0.1        Ethernet0/0/0
     192.168.2.0/24   Static  60   0           RD    10.0.12.2        Ethernet0/0/1
```

图 4.15　RTA 的路由表

　　配置好 RTA、RTB 的静态路由之后,主机 B 就可以成功 ping 主机 A 了,如图 4.16 所示。

```
PC>ping 192.168.1.2

Ping 192.168.1.2: 32 data bytes, Press Ctrl_C to break
From 192.168.1.2: bytes=32 seq=1 ttl=126 time=94 ms
From 192.168.1.2: bytes=32 seq=2 ttl=126 time=78 ms
From 192.168.1.2: bytes=32 seq=3 ttl=126 time=31 ms
From 192.168.1.2: bytes=32 seq=4 ttl=126 time=47 ms
From 192.168.1.2: bytes=32 seq=5 ttl=126 time=47 ms

--- 192.168.1.2 ping statistics ---
  5 packet(s) transmitted
  5 packet(s) received
  0.00% packet loss
  round-trip min/avg/max = 31/59/94 ms
```

图 4.16　主机 B 成功 ping 主机 A

注：主机 A、主机 B 除了配置 IP 地址、子网掩码之外，还要配置网关，如图 4.17 所示。

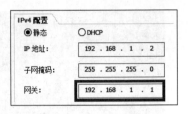

关于静态路由的配置，要记好 3 个参数分别填什么内容，另外在问题定位分析的时候牢记一个原则：路由器根据路由表来转发，没有查到匹配的路由条目时就会丢弃报文，所以遇到业务不通的时候多分析一下路由表的状态，包括来回两个方向的路径。

图 4.17　给主机配置网关

静态路由除了普通路由功能外，还有以下重要 3 种用途：

① 负载分担；

② 路由备份；

③ 默认路由。

负载分担：如图 4.18 所示，RTA 和 RTB 之间有两条链路，可以让两条链路同时工作，以增加路由器之间的带宽。

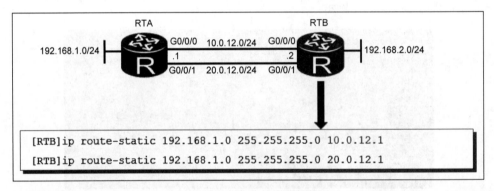

图 4.18　负载分担应用场景

在路由器 B 上配置两条静态路由，目标网段和掩码一样，但是下一跳不一样，配置之后查询 RTB 的路由表，如图 4.19 所示，第二条路由的 Destination/Mask 为空，表示和上面一条相同。实际转发业务的时候，RTB 会根据一定的算法将流量分布到两条链路上。

```
[RTB]display ip routing-table
Route Flags: R - relay, D - download to fib
----------------------------------------------------------------
Routing Tables: Public   Destinations : 13      Routes : 14
Destination/Mask  Proto Pre Cost Flags NextHop Interface

……
192.168.1.0/24    Static 60  0    RD  10.0.12.1 GigabitEthernet 0/0/0
                  Static 60  0    RD  20.0.12.1 GigabitEthernet 0/0/1
```

图 4.19　等价路由条目

RTA 的配置和路由表状态与 RTB 类似。

路由备份：如图 4.20 所示，RTA 和 RTB 之间有两条链路，可以让一条链路工作，另外一条处于备份状态，如果工作链路故障，备份链路马上进入工作状态。

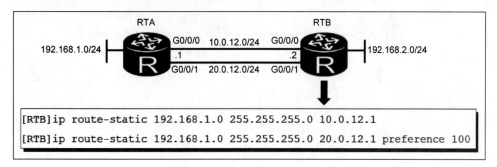

```
[RTB]ip route-static 192.168.1.0 255.255.255.0 10.0.12.1
[RTB]ip route-static 192.168.1.0 255.255.255.0 20.0.12.1 preference 100
```

图 4.20　路由备份工作场景

RTB 配置了两条到达 192.168.1.0 网段的静态路由，这两条路由的目标网段和掩码一样，但是优先级不一样。静态路由的默认优先级是 60，用户可以通过参数 preference 对其进行修改，例如第二条静态路由的优先级被改成 100。路由器选择最高优先级的那一条，如图 4.21 所示，路由表中只有一条路由条目生效。

```
[RTB]display ip routing-table
Route Flags: R - relay, D - download to fib
------------------------------------------------------------------
Routing Tables: Public  Destinations : 13       Routes : 14
Destination/Mask Proto Pre Cost Flags NextHop Interface
......
192.168.1.0/24  Static  60   0  RD  10.0.12.1 GigabitEthernet0/0/0
```

图 4.21　RTB 的路由表

将主链路停掉，备份链路马上进入工作状态，如图 4.22 所示。

```
[RTB]interface GigabitEthernet 0/0/0
[RTB-GigabitEthernet 0/0/0]shutdown
[RTB]display ip routing-table
------------------------------------------------------------------
Routing Tables: Public  Destinations : 13       Routes : 14
Destination/Mask Proto Pre Cost Flags NextHop Interface
......
192.168.1.0/24 Static  100  0  RD  20.0.12.1 GigabitEthernet 0/0/1
```

图 4.22　主备链路切换

默认路由：路由器查路由表时，如果没有匹配的条目就会将报文丢弃，设备可以配置默认路由作为报文的转发路径。在路由表中，默认路由的目标网络地址为 0.0.0.0，掩码也为

0.0.0.0,如图 4.23 所示,RTA 配置一条默认路由,任何在路由表里找不到匹配条目的报文都会交给 RTB。

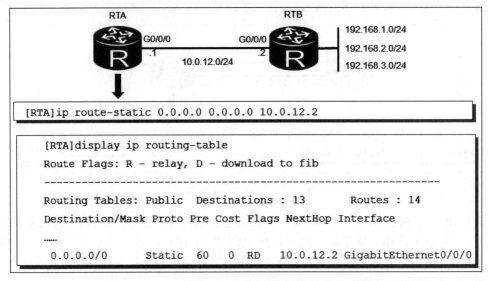

```
[RTA]ip route-static 0.0.0.0 0.0.0.0 10.0.12.2
```

```
[RTA]display ip routing-table
Route Flags: R - relay, D - download to fib
-----------------------------------------------------------------
Routing Tables: Public  Destinations : 13      Routes : 14
Destination/Mask Proto Pre Cost Flags NextHop Interface
......
 0.0.0.0/0       Static 60  0   RD    10.0.12.2 GigabitEthernet0/0/0
```

图 4.23 默认路由

附加练习:如图 4.24 所示,3 个路由器的场景下配置静态路由。

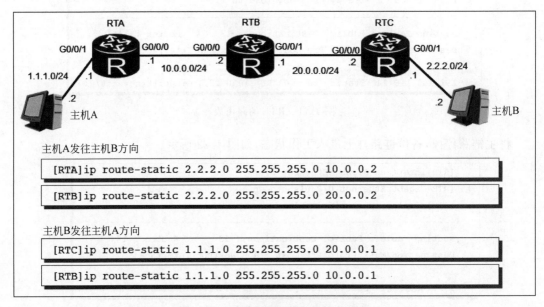

主机A发往主机B方向

```
[RTA]ip route-static 2.2.2.0 255.255.255.0 10.0.0.2
```

```
[RTB]ip route-static 2.2.2.0 255.255.255.0 20.0.0.2
```

主机B发往主机A方向

```
[RTC]ip route-static 1.1.1.0 255.255.255.0 20.0.0.1
```

```
[RTB]ip route-static 1.1.1.0 255.255.255.0 10.0.0.1
```

图 4.24 多路由器场景配置静态路由

总结:静态路由通常用于小型网络,拓扑变化时不能动态调整,使用不灵活。除了路由功能外,静态路由还有几个特殊功能,分别是负载分担、路由备份和默认路由。

4.3 OSPF 协议原理与配置

常用的路由协议有 3 种：RIP、OSPF、ISIS，其中 RIP 早期比较常用，但是有一些弊端，现在的网络基本不用 RIP，华为新版路由交换 HCIA 课程也将 RIP 协议去掉。现在网络常用的协议是 OSPF 和 ISIS，其中 ISIS 协议在 HCIP 课程里介绍，HCIA 课程里只介绍 OSPF。

OSPF(Open Shortest Path First，开放式最短路径优先)具有收敛快、效率高、扩展性好等特点，目前得到广泛应用。

4.3.1 OSPF 基本概念

路由器 ID

每个路由器都有一个编号，也就是路由器 ID，如图 4.25 所示，路由器 ID 的格式与 IP 地址一样，可以手动指定路由器 ID，通过命令配置：[RTA]ospf router-id 1.1.1.1。

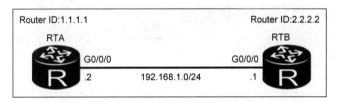

图 4.25 路由器 ID

如果不指定，OSPF 进程启动后，会自动指定路由器 ID，优先使用环回 IP 地址，如果没有环回 IP 地址，则取接口 IP 值最大的那个。

OSPF 开销

OSPF 基于接口带宽计算开销，计算公式为：接口开销＝带宽参考值÷带宽。带宽参考值可配置，默认为 100Mb/s。例如，一条 100Mb/s 链路的开销：$100 \div 100 = 1$，一条 10Mb/s 链路的开销：$100 \div 10 = 10$。带宽越大，开销越小。

可以指定具体链路的开销，也可以修改全局的带宽参考值，如图 4.26 所示。

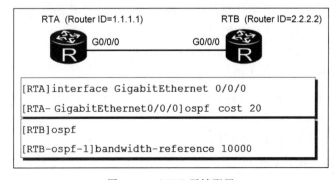

图 4.26 OSPF 开销配置

4.3.2 OSPF 基本工作原理

如图 4.27 所示,共有 4 个路由器,这 4 个路由器如何自动获取路由条目呢? 首先每个路由器会发 LSA(Link State Advertisement,链路状态公告),LSA 里面包含路由器的详细信息,例如 RTA 的 LSA 内容如下。

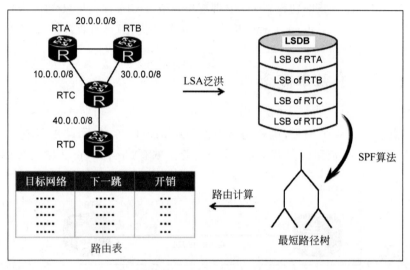

图 4.27 OSPF 计算过程

链路数量:2

网段:10.0.0.0   掩码:255.0.0.0   网段开销:10

网段:20.0.0.0   掩码:255.0.0.0   网段开销:10

RTA 的 LSA 会发给 RTB 和 RTC,同时 RTC 还会透传给 RTD,最终 4 个路由器都有 RTA 的 LSA。同理,RTB、RTC、RTD 也同样会发各自的 LSA。每个路由器会把收到的所有 LSA 存入自己的 LSDB(Link State Database,链路状态数据库)。

LSDB 稳定后,路由器使用 SPF(Shortest Path First,最短路径优先)算法对 LSDB 进行计算,得出最短路径树。树根就是当前路由器,例如 RTC 计算最短路径树的时候,树根就是 RTC,然后计算去往各个路由器的最短路径。

得到最短路径树之后,路由器就可以算出路由表。

总结一下路由器计算路由表的大致过程:

① 发出 LSA,并泛洪到各个路由器;

② 收集 LSA,存到 LSDB;

③ 使用 SPF 算法计算最短路径树;

④ 根据最短路径树计算路由表。

4.3.3 OSPF 基本工作流程

OSPF 工作流程如图 4.28 所示,RTA 和 RTB 连在同一个网段。

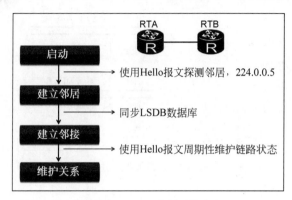

图 4.28 OSPF 基本工作流程

OSPF 的工作过程有以下几个步骤:

(1) 启动:路由器上电,接口配置了 IP 地址,并且配置了 OSPF,此时会发出 Hello 报文探测邻居,Hello 报文用的目标 IP 地址是组播 IP 224.0.0.5。如果同一个网段里有多个路由器,都可以收到这个 Hello 报文,如图 4.29 所示。

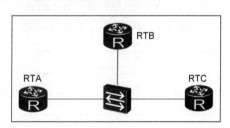

图 4.29 同网段多个路由器

(2) 建立邻居:RTA 和 RTB 互相发 Hello 报文,Hello 报文带有本路由器相关的内容,如图 4.30 所示,Hello 报文携带左边方框里面的信息。第一个 Hello 报文不知道邻居是谁,这部分置空。收到对方 Hello 报文后,知道邻居是谁,因此第二个 Hello 报文将邻居填进去。收到第二个 Hello 报文后,邻居才算建立成功。邻居建立完成后,开始发 LSA,同步 LSDB 数据库。

RTA 和 RTB 的信息必须匹配才能建立邻居,否则会丢弃对方发的 Hello 报文,例如 RTA 用的版本号是 IPv4,RTB 用的是 IPv6,此时无法建立邻居。

(3) 建立邻接:邻居建立完成后开始同步 LSDB,同步过程如图 4.31 所示,假设 RTA 新加入网络,只有 RTA 的 LSA,此时需要从 RTB 同步 LSDB。

但是路由器并不知道自己缺哪条 LSA,RTA 和 RTB 都不知道对方有哪些 LSA,此时 RTA 和 RTB 互相交互 LSDB 清单,这个清单就是 DD(Database Description,数据库摘要)报文。

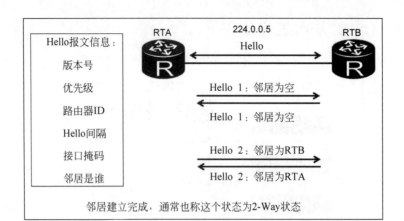

图 4.30　邻居建立过程

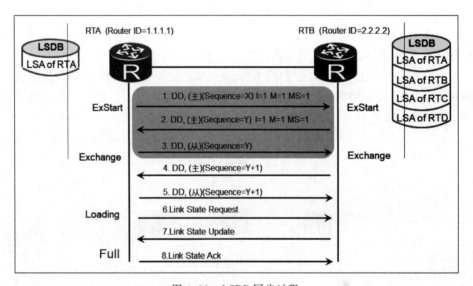

图 4.31　LSDB 同步过程

RTA 和 RTB 交互 DD 的时候有一个先后顺序,路由器 ID 值大的先发 DD,小的后发,因此同步最开始需要通过 DD 报文确定主次,此时 DD 里面并没有 LSDB 信息。

主次的确定见图中步骤 1、2、3,步骤 1、2 中,RTA 和 RTB 互相发一个 DD,该 DD 中都认为自己是主。DD 报文有一个 Sequence 编号,初始值是随机值,之后递增。Sequence 后面还有 3 个标志位:I、M、MS。

I 表示 Initiate,置 1 表示这是第一个 DD 报文。

M 表示 More,置 1 表示后面还有 DD 报文。

MS 表示 Master,置 1 表示自己是主。

RTA 和 RTB 收到对方的 DD 之后,通过比较路由器 ID,RTA 发现 RTB 的 ID 值比较大,因此 RTB 是主,自己是从,所以 RTA 又发了一个 DD 给 RTB,告诉 RTB 自己是从,见步骤 3。

主从选好之后,开始交互 DD,RTB 是主,所以先发,见步骤 4、5,Sequence 都用主路由器定的值,而且后面递增,所以是 Y+1。

RTA 和 RTB 收到对方 DD 之后,和自己的 LSDB 比较,RTA 发现缺了 RTB、RTC、RTD 的 LSA,所以向 RTB 请求这 3 条 LSA,见步骤 6,Link State Request 简称 LSR。

RTB 收到 LSR 后,将对应的 LSA 发给 RTA,见步骤 7,Link State Update 简称 LSU。

RTA 收到 LSU 之后,还要发一个 ACK,确认 LSU 已经收到,见步骤 8。

RTA 和 RTB 之间的 LSDB 同步完成后,进入 Full 状态,只有达到 Full 状态,邻接关系才真正建立成功。

(4) 维护关系:LSDB 同步完成后进入一个稳定状态,后面还会使用 Hello 报文来维护关系,RTA、RTB 周期性发 Hello 给对方,例如每 10s 发一个,如果连续 3 个周期收不到对方的 Hello 报文,就可以判定对方出故障了,然后删除相应的路由条目。

4.3.4 DR 与 BDR

如果同一个网段里有多个路由器,需要考虑同步效率的问题。如图 4.32 所示,同一个网段有 4 个路由器,两两之间同步总共需要 6 次,随着路由器数量的增加,同步次数增长很快,效率较低。

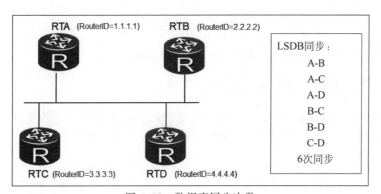

图 4.32 数据库同步次数

为了提高数据库同步的效率,需要在网段中选出一个同步中心。如图 4.33 所示,选 RTA 作为同步中心,其他路由器只跟 RTA 同步,此时同步次数可以减少到 3 次,大大提高了同步效率。这里的 RTA 通常称之为 DR(Designated Router,指定路由器)。

如图 4.34 所示,DR 通过路由器优先级选取,值越大,优先级越高,默认值是 1,如果优先级都一样,则比较路由器 ID,值最大的就是 DR。优先级可以配置,如果设置为 0,则不参加选取。DR 选取在邻居建立阶段完成,Hello 报文里带有当前路由器的优先级和路由器 ID。

DR 是数据库同步中心,在选取 DR 的同时还会选取一个次优的路由器作为 DR 的备份,这个路由器称为 BDR(Backup DR,备份 DR),图 4.34 中,RTC 优先级最高,是 DR,RTA 和 RTB 优先级一样,但是 RTB 的路由器 ID 比 RTA 大,因此 RTB 是 BDR。

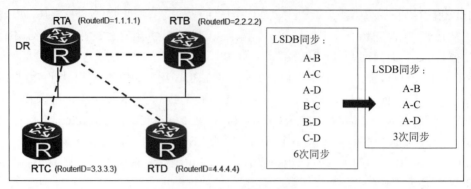

图 4.33 数据库同步中心

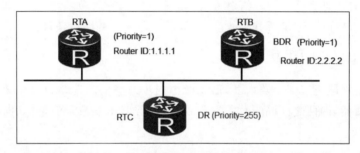

图 4.34 DR 选取

如果 DR 故障,BDR 自动成为 DR,网络中重新选取 BDR。

4.3.5 邻居和邻接的区别

成为邻居的条件是路由器达到 2-Way 状态,成为邻接的条件是数据库同步完成。如图 4.35 所示,RTA 有 3 个邻居,RTB 也有 3 个邻居,4 个路由器之间都是邻居关系。

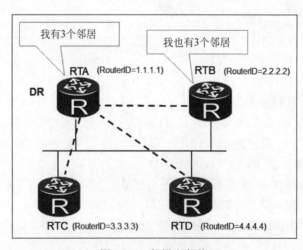

图 4.35 邻居和邻接

RTA 是 DR,与另外 3 个路由器同步数据库,RTA 与 RTB、RTC、RTD 都是邻接关系,但是 RTC 和 RTD 之间就没有直接进行数据库同步,因此 RTC 和 RTD 之间不是邻接关系。

有邻居关系的 2 个路由器,不一定有邻接关系,但是有邻接关系的 2 个路由器,一定是邻居。(注:BDR 也会与网络上所有的路由器建立邻接关系。)

OSPF 状态迁移如图 4.36 所示,白色状态是稳定状态,可以长时间保持在该状态。

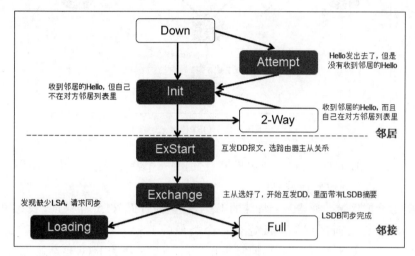

图 4.36　OSPF 状态机

4.3.6　OSPF 区域

OSPF 协议可以支持大型网络,在网络规模较大的时候,会有以下问题:

① LSDB 过大,占路由器内存;

② LSDB 过大,计算路由时占用太多 CPU;

③ 网络振荡问题,任何链路状态改变,全网路由器都需要更新 LSDB 并重新计算。

为了解决以上问题,OSPF 将网络划分为区域,不同区域的路由器维护的 LSDB 不一样。如图 4.37 所示,共有 4 个区域,分别是区域 0、1、2、3,其中区域 0 比较特殊,是骨干区域,其他区域是普通区域。OSPF 区域有以下规则:

① 普通区域必须连接到骨干区域上,图中区域 1、2、3 都和区域 0 连接;

② 普通区域不能直接互相发布路由,以避免路由环路,例如 RTF 和 RTE 之间不能连在一起并在直连接口上运行 OSPF,否则 OSPF 工作会异常;

③ 不同区域通过路由器连接,例如 RTA 在区域 0 和 1 之间,不同接口工作在不同区域。

不同区域的路由器维护的 LSDB 不一样。RTD 只需要维护 RTD 和 RTA 的 LSA,但是 RTA 和 RTD 不一样,它有 2 个 LSDB,其中一个是区域 1 的 LSDB,里面有 RTD 和 RTA 的 LSA,另外一个是区域 0 的 LSDB,里面有 RTA、RTB、RTC 的 LSA。其他路由器也是类似的。

那么 RTD 没有 RTB 和 RTF 的 LSA,是如何获取 30.0.0.0/8 网段的路由呢?

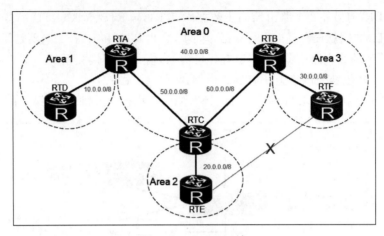

图 4.37　OSPF 区域

　　图中 RTA、RTB、RTC 处在区域边界上,它们有一个特殊任务,需要将不同区域里面的网段进行概括并同步到彼此区域里面。

　　例如 RTB 会向区域 0 通告一个特殊的 LSA,在里面告诉 RTA 和 RTC,我有 30.0.0.0/8 这个网段;RTA 也会向区域 1 里面通告一个类似的 LSA,告诉 RTD,我有 30.0.0.0/8、40.0.0.0/8、50.0.0.0/8、60.0.0.0/8,同时还有 20.0.0.0/8,因为 RTC 也会通告 20.0.0.0/8。

　　这个特殊的 LSA 只是一个网段概括,RTD 只需要了解到 RTA 有 30.0.0.0/8 这个网段就可以了,并不需要了解 RTB 和 RTF 的具体细节。

　　这样 RTD 就可以获取到全网的路由,又可以大大减少 LSDB 的条数。

　　OSPF 网络里不同路由器有不同的角色,如图 4.38 所示,不同角色定义如下:

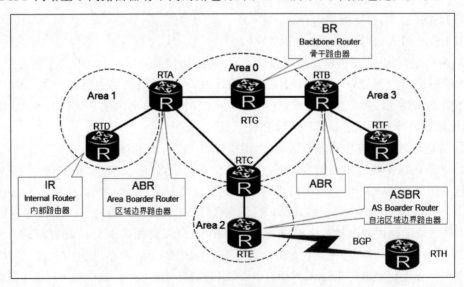

图 4.38　OSPF 路由器角色

① IR：完全处于普通区域的路由器，例如 RTD；

② BR：完全处于骨干区域的路由器，例如 RTG；

③ ABR：处于两个区域之间，例如 RTA、RTB、RTC；

④ ASBR：与外界互通的路由器，例如 RTE。

AS 指的是 Autonomous System，中文意思是自治系统，图中路由器 A、B、C、D、E、F、G 之间运行 OSPF，使用统一的路由协议互相获取路由信息，这组路由器就是一个 AS。

每个网络都需要和因特网互联，也就是说每个网络都需要有出口，和其他的 AS 连接，这个出口路由器负责往外面发布本 AS 的路由信息，同时也负责导入外面的路由信息，是 AS 边界路由器。

4.3.7 OSPF 协议格式

OSPF 报文封装在 IP 报文里面，具体格式如图 4.39 所示。IP 头部 Protocol 字段值为 89 的时候，表示里面封装的 OSPF 报文。目标 IP 地址是一个组播 IP：224.0.0.5。

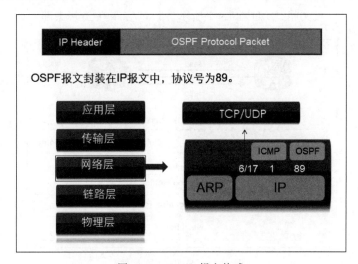

图 4.39 OSPF 报文格式

OSPF 报文不带端口号，因此它属于网络层协议，与 ICMP 处于同一个位置。

OSPF 报文内部分两部分，公共头部及具体报文内容，如图 4.40 所示，不管是哪种报文，都带有一个公共头部。

其中 Version 用来标识这是 IPv4 还是 IPv6 协议；Packet Type 标识后面是什么报文，例如 Packet Type＝1 时，标识里面是 Hello 报文；Packet Length、Router ID、Area ID、Checksum 比较简单就不介绍了。

AuType 指认证类型，OSPF 支持 3 种不同方式：0：不认证，1：明文认证，2：MD5 认证，如果需要认证，最后 Authentication 字段填认证密钥。

认证指的是两个路由器之间的认证，双方配置必须一致才能成功建立邻居关系。

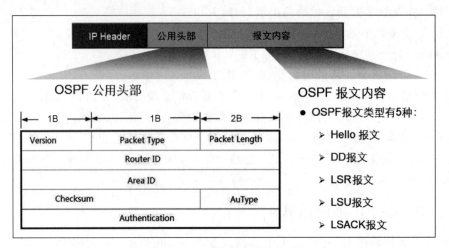

图 4.40　OSPF 报文具体格式

下面介绍 Hello 报文格式,如图 4.41 所示。该内容跟在公共头部后面。

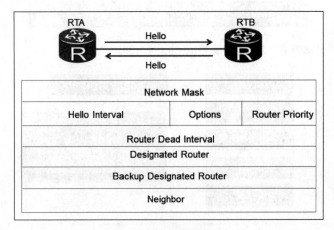

图 4.41　Hello 报文格式

Network Mask：发送 Hello 报文的接口的网络掩码。

Hello Interval：发送 Hello 报文的时间间隔,单位为 s,默认是 10s。

Options：标识发送此报文的 OSPF 路由器所支持的可选功能,HCIA 课程不展开介绍。

Router Priority：发送 Hello 报文的接口的 Router Priority,用于选取 DR 和 BDR。

Router Dead Interval：失效时间。如果在此时间内未收到邻居发来的 Hello 报文,则认为邻居失效,单位为 s,通常为 4 倍 Hello Interval。

Designated Router：发送 Hello 报文的路由器所选取出的 DR 的 IP 地址。如果设置为 0.0.0.0,表示尚未选取 DR 路由器。

Backup Designated Router：发送 Hello 报文的路由器所选取出的 BDR 的 IP 地址。如果设置为 0.0.0.0，表示尚未选取 BDR。

Neighbor：邻居的 Router ID 列表，表示本路由器已经从这些邻居收到了合法的 Hello 报文。如果有多个邻居，里面会填多个路由器 ID。

4.3.8 OSPF 配置

如图 4.42 所示，共有 3 个路由器，RTA 在骨干区域 0，RTC 在普通区域 1，RTB 是 ABR，在区域 0 和区域 1 之间。

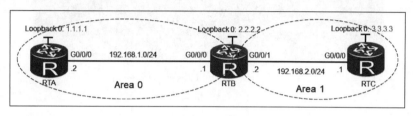

图 4.42 实验拓扑

RTA 的配置命令如图 4.43 所示，首先配置环回 IP 地址和接口 IP 地址；然后配置路由器的 ID，通常使用环回 IP 地址作为路由器 ID，命令为 ospf router-id 1.1.1.1；最后进入 Area 0，在里面宣告环回 IP 地址和接口 IP 地址对应的网段，注意：掩码用的是反掩码。

```
<Huawei>system
<Huawei>system-view
Enter system view, return user view with Ctrl+Z.
[Huawei]interface loopback 0
[Huawei-LoopBack0]ip add 1.1.1.1 32
[Huawei-LoopBack0]interface g0/0/0
[Huawei-GigabitEthernet0/0/0]ip add 192.168.1.2 24
[Huawei-GigabitEthernet0/0/0]quit
[Huawei]ospf router-id 1.1.1.1
[Huawei-ospf-1]area 0
[Huawei-ospf-1-area-0.0.0.0]network 1.1.1.1 0.0.0.0
[Huawei-ospf-1-area-0.0.0.0]network 192.168.1.0 0.0.0.255
[Huawei-ospf-1-area-0.0.0.0]
[Huawei-ospf-1-area-0.0.0.0]quit
[Huawei-ospf-1]quit
```

图 4.43 RTA 的配置命令

RTB 的配置命令如图 4.44 所示，配置步骤和 RTA 类似，不同点在于 RTB 有 2 个区域，需将不同的网段宣告在其对应的区域里面。

RTC 的配置如图 4.45 所示，和 RTA 类似。

查看 RTA 的路由获取情况，如图 4.46 所示，方框内的路由都是通过 OSPF 获取的，其他路由是 RTA 的直连路由。

```
<Huawei>system-view
Enter system view, return user view with Ctrl+Z.
[Huawei]inter loopback 0
[Huawei-LoopBack0]ip add 2.2.2.2 32
[Huawei-LoopBack0]inter g0/0/0
[Huawei-GigabitEthernet0/0/0]ip add 192.168.1.1 24
[Huawei-GigabitEthernet0/0/0]inter g0/0/1
[Huawei-GigabitEthernet0/0/1]ip add 192.168.2.2 24
[Huawei-GigabitEthernet0/0/1]quit
[Huawei]ospf router-id 2.2.2.2
[Huawei-ospf-1]area 0
[Huawei-ospf-1-area-0.0.0.0]network 2.2.2.2 0.0.0.0
[Huawei-ospf-1-area-0.0.0.0]network 192.168.1.0 0.0.0.255
[Huawei-ospf-1-area-0.0.0.0]quit
[Huawei-ospf-1]area 1
[Huawei-ospf-1-area-0.0.0.1]network 192.168.2.0 0.0.0.255
[Huawei-ospf-1-area-0.0.0.1]
```

图 4.44　RTB 的配置命令

```
<Huawei>system-view
Enter system view, return user view with Ctrl+Z.
[Huawei]inter loopback 0
[Huawei-LoopBack0]ip add 3.3.3.3 32
[Huawei-LoopBack0]inter g0/0/0
[Huawei-GigabitEthernet0/0/0]ip add 192.168.2.1 24
[Huawei-GigabitEthernet0/0/0]quit
[Huawei]ospf router-id 3.3.3.3
[Huawei-ospf-1]area 1
[Huawei-ospf-1-area-0.0.0.1]network 3.3.3.3 0.0.0.0
[Huawei-ospf-1-area-0.0.0.1]network 192.168.2.0 0.0.0.255
```

图 4.45　RTC 的配置命令

```
[Huawei]disp ip routing-table
Route Flags: R - relay, D - download to fib
------------------------------------------------------------------------------
Routing Tables: Public
        Destinations : 8        Routes : 8

Destination/Mask    Proto   Pre  Cost       Flags NextHop          Interface

        1.1.1.1/32  Direct  0    0          D     127.0.0.1        LoopBack0
        2.2.2.2/32  OSPF    10   1          D     192.168.1.1      GigabitEthernet0/0/0
        3.3.3.3/32  OSPF    10   2          D     192.168.1.1      GigabitEthernet0/0/0
      127.0.0.0/8   Direct  0    0          D     127.0.0.1        InLoopBack0
      127.0.0.1/32  Direct  0    0          D     127.0.0.1        InLoopBack0
    192.168.1.0/24  Direct  0    0          D     192.168.1.2      GigabitEthernet0/0/0
    192.168.1.2/32  Direct  0    0          D     127.0.0.1        GigabitEthernet0/0/0
    192.168.2.0/24  OSPF    10   2          D     192.168.1.1      GigabitEthernet0/0/0
```

图 4.46　RTA 的路由表

　　查看 RTA 的 LSDB,如图 4.47 所示,RTA 只有一个 LSDB,方框内的两条 LSA 就是前面介绍的由 ABR 发出来的特殊 LSA,是一个网络摘要,不是路由器明细。

```
[Huawei]disp ospf lsdb

          OSPF Process 1 with Router ID 1.1.1.1
                Link State Database

                        Area: 0.0.0.0
Type        LinkState ID    AdvRouter        Age   Len   Sequence    Metric
Router      2.2.2.2         2.2.2.2          1012  48    80000005    0
Router      1.1.1.1         1.1.1.1          1008  48    80000006    0
Network     192.168.1.2     1.1.1.1          1008  32    80000002    0
Sum-Net     3.3.3.3         2.2.2.2          925   28    80000001    1
Sum-Net     192.168.2.0     2.2.2.2          1005  28    80000001    1
```

图 4.47　RTA 的 LSDB

　　查看 RTA 的邻居,如图 4.48 所示,本路由器的 ID 是 1.1.1.1,接口 192.168.1.2 的邻居是 2.2.2.2,LSDB 同步状态是 Full,优先级是默认值 1,DR 是 192.168.1.2。

```
[Huawei]display ospf peer

        OSPF Process 1 with Router ID 1.1.1.1
            Neighbors

Area 0.0.0.0 interface 192.168.1.2(GigabitEthernet0/0/0)'s neighbors
Router ID: 2.2.2.2           Address: 192.168.1.1
  State: Full  Mode:Nbr is  Master  Priority: 1
  DR: 192.168.1.2  BDR: 192.168.1.1  MTU: 0
  Dead timer due in 38  sec
  Retrans timer interval: 5
  Neighbor is up for 00:16:57
  Authentication Sequence: [ 0 ]
```

图 4.48　RTA 的邻居信息

　　前面介绍过 DR 的选取过程,首先比较优先级,如果优先级一样就比较路由器 ID 值大小,按理说 RTB 的 ID 是 2.2.2.2,RTB 应该是 DR,为什么这里 RTA 是 DR 呢? 有一点需要注意的是,OSPF 的 DR 是非抢占式的,如果网络里有 DR 存在,后加入的路由器优先级再高也不会变成 DR,因为配置的时候先启动的是 RTA,所以 RTA 首先成为 DR。

　　RTB 和 RTC 的路由表、LSDB、邻居关系可以自己尝试看看,其中 RTB 是 ABR,它有两个 LSDB,如图 4.49 所示,一个是 Area0 的,一个是 Area1 的。

```
<Huawei>sys
Enter system view, return user view with Ctrl+Z.
[Huawei]display ospf lsdb

        OSPF Process 1 with Router ID 2.2.2.2
            Link State Database

                    Area: 0.0.0.0
Type        LinkState ID    AdvRouter       Age     Len    Sequence    Metric
Router      2.2.2.2         2.2.2.2         376     48     80000006     0
Router      1.1.1.1         1.1.1.1         375     48     80000007     0
Network     192.168.1.2     1.1.1.1         375     32     80000003     0
Sum-Net     3.3.3.3         2.2.2.2         289     28     80000002     1
Sum-Net     192.168.2.0     2.2.2.2         368     28     80000002     1

                    Area: 0.0.0.1
Type        LinkState ID    AdvRouter       Age     Len    Sequence    Metric
Router      2.2.2.2         2.2.2.2         282     36     80000006     1
Router      3.3.3.3         3.3.3.3         290     48     80000005     0
Network     192.168.2.2     2.2.2.2         282     32     80000003     0
Sum-Net     2.2.2.2         2.2.2.2         368     28     80000002     0
Sum-Net     1.1.1.1         2.2.2.2         368     28     80000002     1
Sum-Net     192.168.1.0     2.2.2.2         368     28     80000002     1
```

图 4.49　RTB 的 LSDB

4.3.9　小结

OSPF 这节的内容非常重要,首先要掌握 OSPF 协议从头到尾的工作过程;还要清楚理解 DR 和 BDR 的作用和选取过程,以及邻居和邻接的区别;最后要理解为什么要分区域,区域的一些规则,以及分区域后如何获取全网路由。

OSPF 初学比较抽象,需要多做实验,多练习。

4.4　VLAN 间路由

二层网络中,部署 VLAN 的目的是隔离广播域。不同 VLAN 的主机不能互相通信,但是在实际应用中不同 VLAN 中的主机需要互相通信,这种情况下可以使用 VLAN 间路由来实现。

如图 4.50 所示,不同 VLAN 里的主机处于不同网段,不能直接互相访问,如果要实现访问,中间需要一个网关。

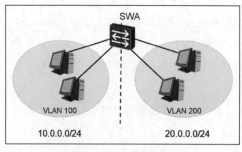

图 4.50　VLAN 间隔离

4.4.1 双臂路由

如图4.51所示,主机B和主机A处于不同网段,主机B发报文给主机A的时候,报文先交给RTA,RTA的G0/0/1接口IP地址是30.0.0.1,是主机B的网关。SWA发给报文给RTA之前要剥离VLAN,RTA的G0/0/1收到的是Untagged报文。

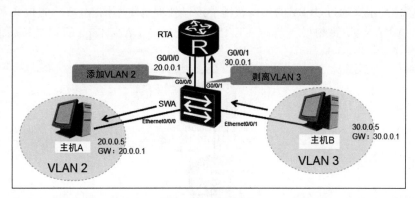

图4.51 双臂路由

RTA根据报文的目标IP地址查路由表。因为G0/0/0和G0/0/1是RTA的直连路由,因此RTA的路由表如图4.52所示。

```
[RTA]display ip routing-table
Route Flags: R - relay, D - download to fib
---------------------------------------------------------------
Destination/Mask Proto Pre Cost Flags NextHop Interface
20.0.0.0/24   Direct  0   0    RD   20.0.0.1 GigabitEthernet0/0/0
30.0.0.0/24   Direct  0   0    RD   30.0.0.1 GigabitEthernet0/0/1
```

图4.52 RTA路由表

查表之后,将报文从G0/0/0接口转发出去,交换机收到这个报文的时候添加VLAN2,最终到达主机A。交换机与路由器对接的口可以用Access模式。SWA的配置如图4.53所示。

```
[SWA]vlan batch 2 3
[SWA-GigabitEthernet0/0/0]port link-type access
[SWA-GigabitEthernet0/0/0]port default vlan 2
[SWA-GigabitEthernet0/0/1]port link-type access
[SWA-Ethernet0/0/0]port link-type access
[SWA-Ethernet0/0/0]port default vlan 2
[SWA-Ethernet0/0/0]port link-type access
[SWA-Ethernet0/0/0]port default vlan 3
```

图4.53 SWA的配置

4.4.2　单臂路由

双臂路由消耗 2 个路由器接口，比较浪费资源。为了节省路由器接口，可以考虑使用单臂路由。

如图 4.54 所示，SWA 和 RTA 之间只有一条物理连接，SWA 的接口用 Trunk 模式，让多个不同 VLAN 报文通过，RTA 的接口使用子接口处理携带不同 VLAN 的报文，G0/0/1.1 子接口绑定 VLAN 2，G0/0/1.2 绑定 VLAN 3。此时，VLAN Tage 的剥离和添加由 RTA 的子接口完成。

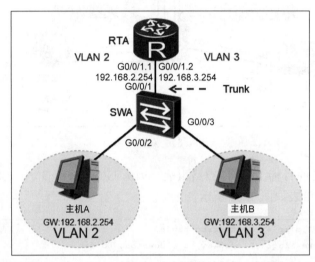

图 4.54　单臂路由

主机 B 发报文给主机 A 的时候，报文先到达 SWA，SWA 再通过 Trunk 口发给 RTA，这个报文带 VLAN 3，因此 G0/0/1.2 子接口会接收这个报文，并剥离 VLAN Tag，然后查路由表进行转发。报文从 G0/0/1.1 子接口发出去之前，还会添加 VLAN 2，然后回到 SWA，最终到达主机 A。SWA 的配置如图 4.55 所示。

```
[SWA]vlan batch 2 3
[SWA-GigabitEthernet0/0/1]port link-type trunk
[SWA-GigabitEthernet0/0/1]port trunk allow-pass vlan 2 3
[SWA-GigabitEthernet0/0/2]port link-type access
[SWA-GigabitEthernet0/0/2]port default vlan 2
[SWA-GigabitEthernet0/0/3]port link-type access
[SWA-GigabitEthernet0/0/3]port default vlan 3
```

图 4.55　SWA 的配置

RTA 的配置如图 4.56 所示，dot1q termination vid 2 这条命令表示给子接口绑定 VLAN 2，该子接口会接收带 VLAN 2 的报文，同时发出去之前也会添加 VLAN 2 Tag。

```
[RTA]interface GigabitEthernet0/0/1.1
[RTA-GigabitEthernet0/0/1.1]dot1q termination vid 2
[RTA-GigabitEthernet0/0/1.1]ip address 192.168.2.254 24
[RTA-GigabitEthernet0/0/1.1]arp broadcast enable
[RTA]interface GigabitEthernet0/0/1.2
[RTA-GigabitEthernet0/0/1.2]dot1q termination vid 3
[RTA-GigabitEthernet0/0/1.2]ip address 192.168.3.254 24
[RTA-GigabitEthernet0/0/1.2]arp broadcast enable
```

图 4.56 RTA 的配置

路由器默认丢弃子接口的广播报文,因此需要用 arp broadcast enable 这条命令让路由器能正常处理 ARP 广播报文,否则就业务不通。

RTA 的路由表如图 4.57 所示。注意观察 2 个不同网段的出接口是子接口。

```
[Huawei]disp ip routing-table
Route Flags: R - relay, D - download to fib
------------------------------------------------------------------------------
Routing Tables: Public
        Destinations : 6        Routes : 6

Destination/Mask    Proto   Pre  Cost      Flags NextHop         Interface
      127.0.0.0/8   Direct  0    0          D    127.0.0.1       InLoopBack0
      127.0.0.1/32  Direct  0    0          D    127.0.0.1       InLoopBack0
    192.168.2.0/24  Direct  0    0          D    192.168.2.254   GigabitEthernet0/0/1.1
  192.168.2.254/32  Direct  0    0          D    127.0.0.1       GigabitEthernet0/0/1.1
    192.168.3.0/24  Direct  0    0          D    192.168.3.254   GigabitEthernet0/0/1.2
  192.168.3.254/32  Direct  0    0          D    127.0.0.1       GigabitEthernet0/0/1.2

[Huawei]
```

图 4.57 RTA 的路由表

4.4.3　3 层交换机

不管是单臂路由还是双臂路由,都需要路由器来配合,实际应用中比较受限制,最优的方法是使用 3 层交换机,交换机自己完成路由功能。

如图 4.58 所示,主机 A、主机 B 属于 VLAN 2,主机 C、主机 D 属于 VLAN 3,在 SWA 上配置 VLAN 3 层接口 IP 地址之后,不同 VLAN 之间的主机可以互相通信。

配置命令如图 4.59 所示,VLAN 的 3 层接口和路由器的物理接口起同样的作用,不同的是 VLANIF 接口是逻辑接口,因为交换机多个物理接口可以使用同一个 VLAN,而且同一个物理接口可以让多个不同 VLAN 通过。注:交换机的物理接口不能直接配置 IP 地址。

配置完之后,SWA 的路由表如图 4.60 所示。3 层交换机也有一个路由表,和路由器不同的是,出接口是 VLANIF 接口,不是实际物理接口。

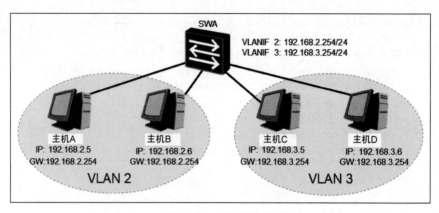

图 4.58　3 层交换机

```
[SWA]interface vlanif 2
[SWA-Vlanif2]ip address 192.168.2.254 24
[SWA]interface vlanif 3
[SWA-Vlanif3]ip address 192.168.3.254 24
```

图 4.59　SWA VLAN 3 层接口 IP 地址配置

```
[SWA]display ip routing-table
Route Flags: R - relay, D - download to fib
------------------------------------------------------------
Destination/Mask Proto Pre Cost Flags NextHop Interface
192.168.2.0/24  Direct  0   0   RD   192.168.2.254 VLANIF 2
192.168.3.0/24  Direct  0   0   RD   192.168.3.254 VLANIF 3
```

图 4.60　交换机的路由表

主机 A 发报文给主机 C 的流程如下：

目标 IP 地址 192.168.3.5 与自己的 IP 地址 192.168.2.5 不在同一个网段,因此需要先交给网关 192.168.2.254,先通过 ARP 获得网关的 MAC,然后封装以太网报文(携带 VLAN 2),发给 SWA。SWA 收到之后发现目标 MAC 是自己,因此会交给 3 层协议处理, 3 层协议分析目标 IP 地址是 192.168.3.5,查路由表发现出接口是 VLANIF 3,同时查 ARP 缓存表,找到对应的 MAC,再查交换机的 MAC 地址表,找到对应 MAC 的物理接口, 最终封装以太网报文(携带 VLAN 3)从正确的物理接口发出去。

如图 4.61 所示,3 层交换机网关应该怎么配? SWA 配置一个 VLANIF、SWB 配置一个 VLANIF? 2 个 VLANIF 都在 SWA? 2 个 VLANIF 都在 SWB?

正确的配法应该是 2 个 VLANIF 在同一个交换机上,这样才能正确查找路由表,全部配置在 SWA 或者 SWB 都可以。

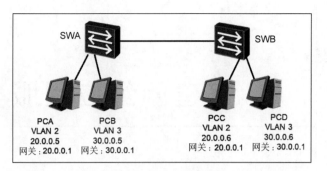

图 4.61　3 层网关配置

本节介绍了 VLAN 间路由,包括双臂路由、单臂路由、3 层交换机,需要熟练掌握各种不同场景的配置方法,特别是 3 层交换机的配置方法。

第 5 章

搭建网络应用服务

本章介绍 3 个应用层协议,分别是:

① DHCP 原理与配置;

② FTP 原理与配置;

③ Telnet 协议原理与配置。

其中 DHCP 工作中会经常遇到,需要重点掌握,FTP、Telnet 比较简单,了解一下即可。

注:因为 eNSP 模拟器上有些设备实现情况不一样,有时候做不出实验结果,本章实验用如图 5.1 所示路由器。

图 5.1　本章实验用的路由器

5.1　DHCP 原理与配置

在大型企业网络中,会有大量的主机或设备需要获取 IP 地址、网关、DNS 等网络参数。如果采用手工配置,工作量大且不好管理;如果有用户擅自修改网络参数,还有可能会造成 IP 地址冲突等问题。使用 DHCP(Dynamic Host Configuration Protocol,动态主机配置协议)来分配 IP 地址等网络参数,可以减少管理员的工作量,避免用户手工配置网络参数时造成的地址冲突。

DHCP 应用场景如图 5.2 所示,主机连入网络请求 IP 地址,DHCP 服务器收到请求后为主机分配 IP 地址。DHCP 服务器可以是路由器,也可以是交换机。

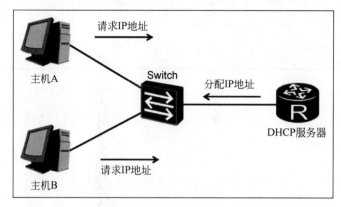

图 5.2 DHCP 应用场景

为了给主机分配 IP 地址,首先要在 DHCP 服务器上指定地址池,例如地址池的范围是192.168.1.2～192.168.1.254,DHCP 服务器分配地址的时候将池中地址依次分配出去,eNSP 模拟器上第一个分配出去的是 192.168.1.254,第二个是 192.168.1.253,以此类推。

地址池有两种,一种是全局地址池,另一种是接口地址池,如图 5.3 所示。

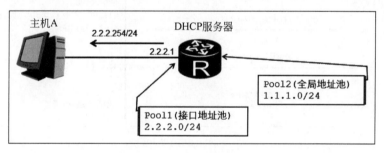

图 5.3 地址池

接口地址池可以在接口模式下执行 dhcp select interface 命令实现,默认使用当前接口同网段的 IP 地址,例如接口 IP 地址是 2.2.2.1,那么接口地址池范围就是 2.2.2.2～2.2.2.254,具体配置如图 5.4 所示。

```
[Huawei]dhcp enable
[Huawei]interface GigabitEthernet0/0/0
[Huawei-GigabitEthernet0/0/0]dhcp select interface
```

图 5.4 接口地址池的配置

全局地址池可以在接口模式下执行 dhcp select global 命令实现。配置前需要先定义地址池,例如定义 pool2 的地址范围是 1.1.1.2～1.1.1.254,然后路由器会自动绑定和本接口 IP 地址同一个网段的地址池,具体配置如图 5.5 所示。

```
[Huawei]dhcp enable
[Huawei]ip pool pool2
Info: It's successful to create an IP address pool.
[Huawei-ip-pool-pool2]network 1.1.1.0 mask 24
[Huawei-ip-pool-pool2]gateway-list 1.1.1.1
[Huawei-ip-pool-pool2]quit
[Huawei]interface GigabitEthernet0/0/1
[Huawei-GigabitEthernet0/0/1]dhcp select global
```

图 5.5　全局地址池的配置

接口地址池的优先级比全局地址池高。配置了全局地址池后,如果又在接口上配置了地址池,客户端将会从接口地址池中获取 IP 地址。

DHCP 的工作过程如图 5.6 所示。小型网络用一台 DHCP 服务器就可以了,但是大型网络需要考虑稳定性,有时候会部署多台 DHCP 服务器。

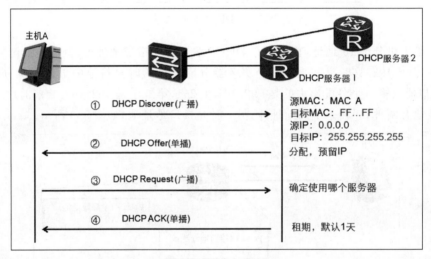

图 5.6　DHCP 的工作过程

①　主机发出 DHCP Discover,这是一个广播报文,目标 MAC 地址和目标 IP 地址都是广播地址,源 IP 地址填 0.0.0.0,因为最开始的时候主机没有 IP 地址。

②　此时 2 台 DHCP 服务器都会收到主机发的请求,而且都会回复 DHCP Offer,在 Offer 里提供了 IP 信息,这个回复报文是单播,因为服务器知道主机的 MAC 地址。

③　主机收到了 2 个 DHCP Offer,选最先收到的那个 Offer,此时还要发 DHCP Request,这也是广播报文,目的是告诉所有服务器,我选用了哪个 IP 地址,假如说选了服务器 1 提供的 IP 地址,那么服务器 2 知道主机没有选择自己的 IP 地址,就可以释放之前分配的 IP 地址。

④　服务器 1 知道主机选用了自己提供的 IP 地址,那么就会对 DHCP Request 回应 DHCP ACK,在 ACK 里带了租期,默认是 24h,告诉主机这个 IP 地址可以使用 24h。

申请到 IP 地址之后,主机 A 默认可以使用这个 IP 地址 24h,但是在使用了一半租期的时候,也就是用了 12h 之后会请求租期更新,如图 5.7 所示,主机发 DHCP Request,服务器回应 DHCP ACK,这两个报文都是单播报文,更新之后,主机又可以再使用 24h。

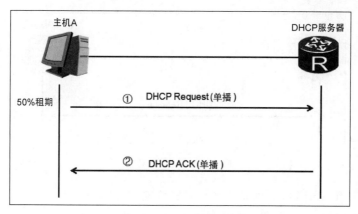

图 5.7　IP 地址租期更新

如果网络中一台 DHCP 服务器出现故障,主机如何切换到另外一台服务器呢? 如图 5.8 所示,如果原来的 DHCP 服务器故障,主机 A 租期 50% 的时候发的 DHCP Request 没有得到回应。

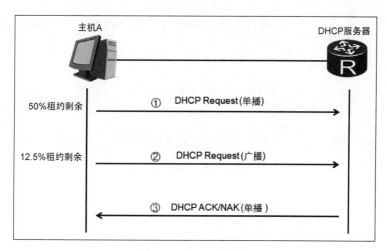

图 5.8　DHCP 重绑定

到了租期的 87.5%,也就是剩余 12.5% 的时候,主机 A 又发一个 DHCP Request,这是一个广播报文,网络中的所有 DHCP 服务器都会收到,此时另外一台 DHCP 服务器会回应 DHCP ACK,并且分配新的 IP 地址,主机 A 切换到另外一台 DHCP 服务器正常工作。

如果网络中只有一台 DHCP 服务器而且发生了故障,主机 A 在 87.5% 租期时发出去的 DHCP Request 也没有得到回应,到了 100% 租期之后,主机 A 释放 IP 地址,回到初始状态不停地发 DHCP Request。

主机释放 IP 地址的时候会发出 DHCP Release 报文,如图 5.9 所示。另外,如果主机中途不再使用 IP 地址,也可以主动释放 IP 地址。

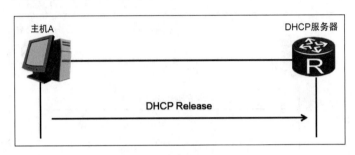

图 5.9 释放 IP 地址

主机 A 有 3 个定时器,分别是:24h,50%租期,87.5%租期,这 3 个定时器的时间是 DHCP 服务器指定的,默认租期是 24h,也可以修改成 2 天、3 天等。

DHCP 使用的报文有以下几种,如图 5.10 所示。

报文类型	含义
DHCP Discover	客户端用来寻找DHCP服务器
DHCP Offer	DHCP服务器用来响应DHCP Discover 报文,此报文携带了各种配置信息
DHCP Request	客户端请求配置确认,或者续借租期
DHCP ACK	服务器对Request 报文的确认响应
DHCP NAK	服务器对Request 报文的拒绝响应
DHCP Release	客户端要释放地址时用来通知服务器

图 5.10 DHCP 报文类型

实验演示:

如图 5.11 所示,路由器左边使用接口模式,右边使用全局模式。

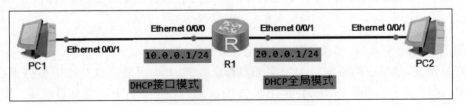

图 5.11 DHCP 实验拓扑

路由器 R1 的配置如图 5.12 所示，先创建地址池，然后在 Ethernet 0/0/0 接口下指定为接口模式，Ethernet 0/0/1 接口下指定为全局模式。

```
<Huawei>sys
Enter system view, return user view with Ctrl+Z.
[Huawei]dhcp enable
Info: The operation may take a few seconds. Please wait for a moment.done.
[Huawei]ip pool pool1
Info:It's successful to create an IP address pool.
[Huawei-ip-pool-pool1]network 20.0.0.0 mask 24
[Huawei-ip-pool-pool1]gateway-list 20.0.0.1
[Huawei-ip-pool-pool1]quit
[Huawei]interface e0/0/0
[Huawei-Ethernet0/0/0]ip add 10.0.0.1 24
[Huawei-Ethernet0/0/0]dhcp select interface
[Huawei-Ethernet0/0/0]interface e0/0/1
[Huawei-Ethernet0/0/1]ip add 20.0.0.1 24
[Huawei-Ethernet0/0/1]dhcp select global
[Huawei-Ethernet0/0/1]
```

图 5.12 路由器配置

PC 端配置如图 5.13 所示，PC1 和 PC2 都选择 DHCP 模式获得 IPv4 地址。

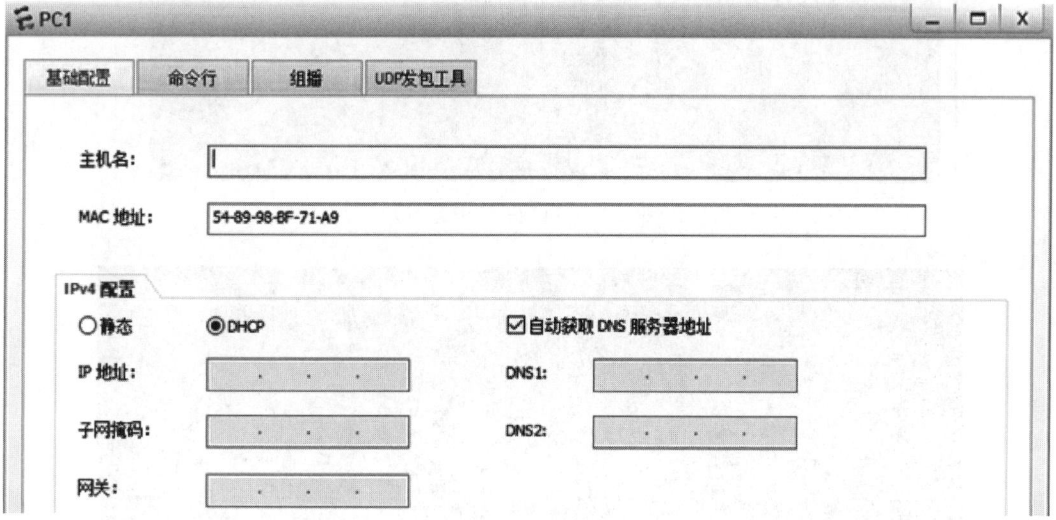

图 5.13 PC 端的配置

实验结果如图 5.14 所示，PC1 和 PC2 分别获得 IP 地址，并且可以 ping 通网关。
还可以通过命令查看 DHCP 服务器地址使用情况，如图 5.15 所示。

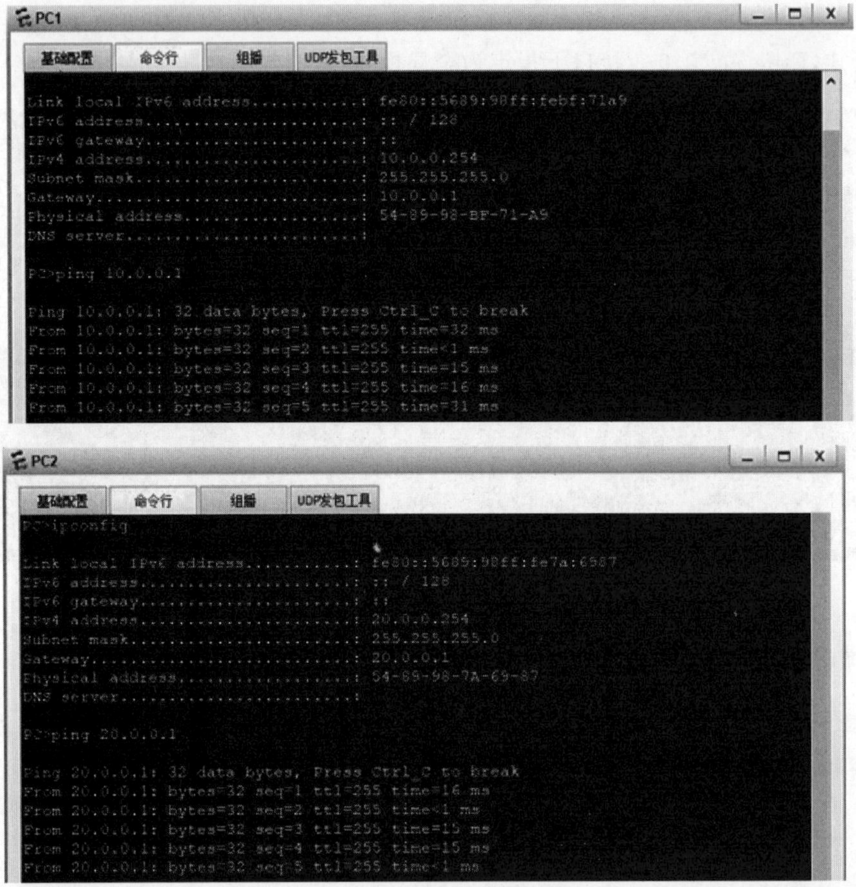

图 5.14　PC 获得 IP 地址

```
[Huawei]display ip pool
 -----------------------------------------------------------------------
  Pool-name      : pool1
  Pool-No        : 0
  Position       : Local           Status           : Unlocked
  Gateway-0      : 20.0.0.1
  Mask           : 255.255.255.0
  VPN instance   : --

 -----------------------------------------------------------------------
  Pool-name      : Ethernet0/0/0/0
  Pool-No        : 1
  Position       : Interface       Status           : Unlocked
  Gateway-0      : 10.0.0.1
  Mask           : 255.255.255.0
  VPN instance   : --

  IP address Statistic
    Total       :506
    Used        :2          Idle        :504
    Expired     :0          Conflict    :0          Disable   :0
```

图 5.15　地址池使用情况

5.2 FTP 原理与配置

FTP 是用来传送文件的协议。使用 FTP 在实现远程文件传输的同时，还可以保证数据传输的可靠性和高效性。

华为路由器、交换机可以是 FTP 客户端，也可以配置成 FTP 服务器，如图 5.16 所示。

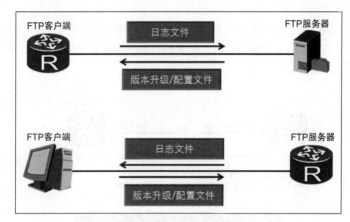

图 5.16 客户端或服务器

FTP 使用两个不同端口，如图 5.17 所示，端口 21 用于控制，端口 20 用于数据传输。

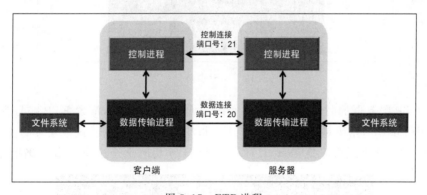

图 5.17 FTP 进程

例如，连接 FTP 服务器命令 ftp 10.0.0.1 21 和获取文件命令 get vrpcfg. cfg，这两个命令都是通过端口 21 进行交互的。

FTP 传输文件时有两种不同模式，如图 5.18 所示，ASCII 模式用于传输文本，二进制模式常用于发送图片文件和程序文件。升级路由器版本的时候要工作于二进制模式。

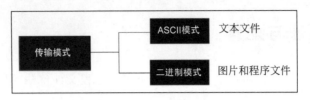

图 5.18　FTP 传输模式

实验演示：

如图 5.19 所示，RTA 作 FTP 客户端，RTB 作 FTP 服务器，在 RTB 上启动 FTP 服务器，设置 FTP 工作目录为 flash：，这是 VRP 文件系统的根目录，和 Windows 系统的 C 盘类似。

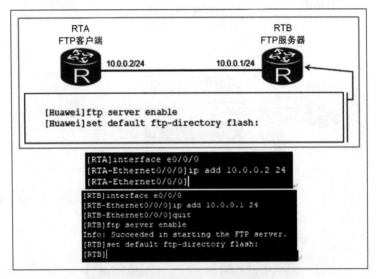

图 5.19　FTP 服务器配置

登录 FTP 服务器的时候还需要账号密码。如图 5.20 所示，配置 FTP 账号密码，创建了一个账号 huawei，密码是 huawei123，cipher 指的是将密码加密。这个账号的业务类型是 FTP，除了 FTP 之外还可以是 Telnet、HTTP、SSH 等其他业务，这里需要明确指定。

```
[RTB]aaa
[RTB-aaa]local-user huawei password cipher huawei123
Info: Add a new user.
[RTB-aaa]local-user huawei service-type ftp
[RTB-aaa]local-user huawei ftp-directory flash:
[RTB-aaa]
```

图 5.20　FTP 账号密码配置

服务器配置完之后，可以在 RTA 客户端上登录 FTP 服务器，如图 5.21 所示，在用户模式下登录 FTP 服务器，另外还可以用 binary 命令切换到二进制传输模式。

```
<RTA>ftp 10.0.0.1 21
Trying 10.0.0.1 ...
Press CTRL+K to abort
Connected to 10.0.0.1.
220 FTP service ready.
User(10.0.0.1:(none)):huawei
331 Password required for huawei.
Enter password:
230 User logged in.
[ftp]dir
200 Port command okay.
150 Opening ASCII mode data connection for *.
drwxrwxrwx   1 noone      nogroup           0 Apr 02 16:38 src
drwxrwxrwx   1 noone      nogroup           0 Apr 02 16:38 pmdata
drwxrwxrwx   1 noone      nogroup           0 Apr 02 16:38 dhcp
-rwxrwxrwx   1 noone      nogroup          28 Apr 02 16:38 private-data.txt
226 Transfer complete.
[ftp]binary
200 Type set to I.
```

图 5.21 登录 FTP 服务器

5.3 Telnet 协议原理与配置

登录设备有两种方式,一种是通过串口线登录,另外一种是通过以太网线 IP 登录。串口登录距离不能太远,需要在设备旁边才能登录,实际应用中经常需要远程登录设备,这种场景下就需要用到 Telnet 功能。

Telnet 协议用于远程连接设备,对网络设备进行管理和维护。如图 5.22 所示,只要 IP 可达,就可以通过 Telnet 协议远程登录设备。

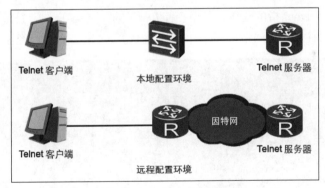

图 5.22 Telnet 应用场景

实验演示:

如图 5.23 所示,RTA 作 Telnet 客户端,RTB 作 Telnet 服务器。

命令 user-interface vty 0 4 中,vty(Virtual Type Terminal)指的是虚拟终端,实际上就是 Telnet 协议用户,参数 0 4 指的是 0、1、2、3、4,表示允许 5 个用户同时通过 Telnet 协议登录设备。

Telnet 协议登录的时候也需要认证,这里设置认证方式为只需要密码,另外还有一种方式是 AAA 方式,这个方式下需要用户名+密码,配置方法和前面的 FTP 类似。

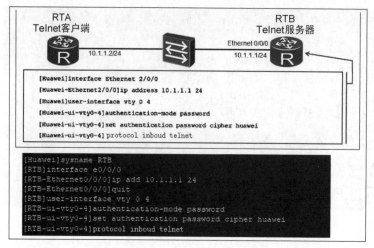

图5.23　Telnet实验配置

cipher huawei,指的是将 huawei 这个密码加密,使其不能通过 display 查询,如图5.24所示,其他用户无法通过 display current-configuration 看到原始密码。

```
user-interface con 0
user-interface vty 0 4
 set authentication password cipher \OF3(96G;WjKUGU-KkpBmD/#
```

图5.24　cipher加密密码

protocol inboud telnet 指的是该密码用于 Telnet 登录。在客户端上登录 Telnet 服务器,如图5.25所示。注意看登录后的结果,命令提示符变成<RTB>,表示已经登录到 RTB。

```
[RTA]interface e0/0/0
[RTA-Ethernet0/0/0]ip add 10.1.1.2 24
[RTA-Ethernet0/0/0]quit
[RTA]quit
<RTA>telnet 10.1.1.1
Trying 10.1.1.1 ...
Press CTRL+K to abort
Connected to 10.1.1.1 ...

Login authentication

Password:
Info: The max number of VTY users is 10, and the number
      of current VTY users on line is 1.
      The current login time is 2020-04-02 17:08:49.
<RTB>
Info: The max number of VTY users is 10, and the number
      of current VTY users on line is 0.
```

图5.25　登录 Telnet 服务器

本章介绍了3个常用应用层协议,分别是 DHCP、FTP、Telnet,其中 DHCP 需要重点掌握。

进 阶 篇

第6章

提高企业网络效率

企业网络除了保证业务上线外,还需要考虑网络的稳定性、可扩展性、灵活性等。本章介绍链路聚合和 WLAN 技术。链路聚合可以提供链路备份,保证网络稳定性,同时又可以扩展链路带宽,WLAN 技术提供无线接入网络,提高了企业网络接入灵活性。

6.1 链路聚合技术原理与配置

为了提高网络带宽,两台交换机之间连接了多条链路,但是这样连网又会带来环路问题,STP 协议会自动破坏,使得最终工作的只有一条链路。如图 6.1 所示,为了让这 3 条链路同时工作,可以使用链路聚合技术,把这 3 条链路捆绑在一起,形成一个逻辑链路,如图中方框所示。

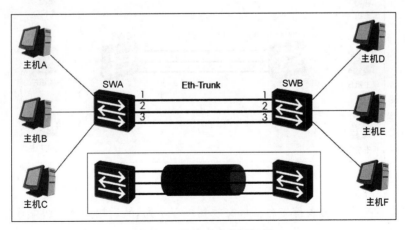

图 6.1　链路聚合应用场景

注：华为交换机与路由器最多支持 8 条链路聚合。

链路聚合有两种模式,分别是手工负载分担模式和 LACP(Link Aggregation Control Protocol,链路聚合控制协议)模式,如图 6.2 所示。

手工负载分担模式：链路聚合的接口和数量手动指定,交换机之间不需要交互信息。

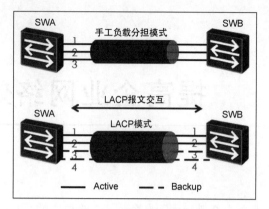

图 6.2　链路聚合模式

LACP 模式：聚合组可以有工作链路和备份链路,图中链路 1、2 处于工作状态,链路 3、4 处于备份状态。交换机之间有报文交互,首先确定主从交换机,然后由主交换机决定哪几条链路处于工作状态。交换机和链路都有优先级(和 STP 类似)。

注：华为交换机默认模式是手工负载分担模式。

网络流量如何在链路聚合中实现负载分担呢？如图 6.3 所示,主机 A 发往主机 D 的流量如何从 SWA 发往 SWB,是均匀分布在 3 条链路上转发的吗？

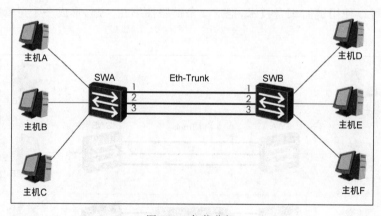

图 6.3　负载分担

交换机发送报文的时候首先会将报文放到缓存队列,然后按照优先级顺序发送出去,不同端口的队列缓存区排队的报文不一样,因此延迟也会有差异。如果同一个业务流的报文分布到不同端口发送,有可能导致报文先发后到。为了避免这个问题,实际上主机 A 发往主机 D 的报文从同一条链路里转发,走链路 1,或者链路 2,或者链路 3。

那么如何体现负载分担呢？链路聚合的负载分担基于业务流,同一个业务流走同一条链路,例如：

主机 A 发往主机 D 的业务流走链路 1；

主机 A 发往主机 E 的业务流走链路 2；

主机 A 发往主机 F 的业务流走链路 3。

交换机按照报文信息来决定哪条业务流走哪条链路，每个报文都带有目标 MAC 地址、源 MAC 地址、目标 IP 地址、源 IP 地址，交换机根据这些信息，使用 HASH 算法算出一个值，然后决定走哪条链路。华为交换机默认采用 src-dst-ip 模式，也就是根据源 IP 地址、目标 IP 地址计算。

默认情况下，参加链路聚合的每一条链路必须参数一致，包括带宽、双工方式、流控方式等，但是也可以通过命令 mixed-rate link enable，允许不同带宽的链路在同一个聚合组。

手工负载分担模式实验演示：

实验拓扑如图 6.4 所示，SWA 和 SWB 之间有两条链路。

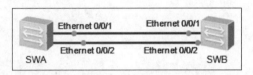

图 6.4 手工负载分担模式实验拓扑

配置命令如图 6.5 所示，RTB 和 RTA 配置完全一样。

```
[RTA]interface eth-trunk 1
[RTA-Eth-Trunk1]mode manual load-balance
[RTA-Eth-Trunk1]trunkport e0/0/1
Info: This operation may take a few seconds. Please wait for a moment...done.
[RTA-Eth-Trunk1]trunkport e0/0/2
Info: This operation may take a few seconds. Please wait for a moment...done.
[RTA-Eth-Trunk1]quit
[RTA]display eth-trunk 1
Eth-Trunk1's state information is:
WorkingMode: NORMAL          Hash arithmetic: According to SIP-XOR-DIP
Least Active-linknumber: 1  Max Bandwidth-affected-linknumber: 8
Operate status: up          Number Of Up Port In Trunk: 2
--------------------------------------------------------------------------
PortName          Status      Weight
Ethernet0/0/1     Up          1
Ethernet0/0/2     Up          1
```

图 6.5 手工负载分担模式配置

LACP 模式实验演示：

实验拓扑如图 6.6 所示，SWA 和 SWB 之间有两条链路。

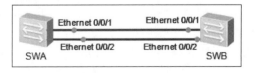

图 6.6 LACP 模式实验拓扑

配置命令如图 6.7 所示,RTB 和 RTA 配置完全一样。

```
[RTA]interface eth-trunk 1
[RTA-Eth-Trunk1]mode lacp
[RTA-Eth-Trunk1]trunkport e0/0/1
Info: This operation may take a few seconds. Please wait for a moment...done.
[RTA-Eth-Trunk1]trunkport e0/0/2
Info: This operation may take a few seconds. Please wait for a moment...done.
[RTA-Eth-Trunk1]quit
[RTA]display eth-trunk 1
Eth-Trunk1's state information is:
Local:
LAG ID: 1                          WorkingMode: STATIC
Preempt Delay: Disabled            Hash arithmetic: According to SIP-XOR-DIP
System Priority: 32768             System ID: 4c1f-cc32-6b59
Least Active-linknumber: 1         Max Active-linknumber: 8
Operate status: up                 Number Of Up Port In Trunk: 2
--------------------------------------------------------------------------------
ActorPortName           Status    PortType PortPri PortNo PortKey PortState Weight
Ethernet0/0/1           Selected  1000TG   32768   2      401     10111100  1
Ethernet0/0/2           Selected  1000TG   32768   3      401     10111100  1
Partner:
--------------------------------------------------------------------------------
ActorPortName           SysPri    SystemID       PortPri PortNo PortKey PortState
Ethernet0/0/1           32768     4c1f-cc91-420d 32768   2      401     10111100
Ethernet0/0/2           32768     4c1f-cc91-420d 32768   3      401     10111100
```

图 6.7　LACP 模式实验配置

6.2　WLAN 概述

WLAN(Wireless Local Area Network,无线局域网)是一种利用无线技术实现主机等终端设备灵活接入以太网的技术,终端用 WiFi 连接网络,不需要物理连线,简单、灵活、方便。

WLAN 技术分两种不同场景,一种是家用,另外一种是企业应用。

家用场景中,使用一个路由器连接运营商网络,同时路由器还提供 WiFi 接入,如图 6.8 所示,路由器实现所有功能,此时路由器也称胖 AP(Access Point,接入点)。

企业应用中,因为办公场所比较大,WiFi 覆盖面积广,通常需要用到多个 AP,另外员工在办公场所内需要移动办公,无论走到哪个地方,连接哪个 AP,WiFi 名应该一致,而且网络不能出现中断。

图 6.8　家用场景

企业级的 WLAN 方案对管理维护、终端漫游、安全控制等方面都有较高的要求。例如修改一个参数、升级 AP 版本等操作,如果逐个 AP 进行,将会花费大量的时间。为了满足应用的需求,企业 WLAN 方案采用 AC(Access Controller)＋AP 组网,如图 6.9 所示。

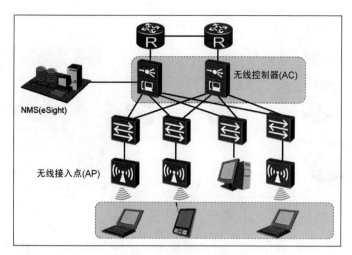

图 6.9　企业 WLAN 组网

由 AC 控制所有的 AP,参数修改、版本升级等操作在 AC 上执行,然后由 AC 自动下发到各个 AP,提高效率;另外,AC 统一管理用户的接入,AP 只提供信号的接入等简单功能,终端在各个 AP 之间可以实现漫游。该场景下的 AP 也称为瘦 AP。

在企业 AP 组网中,AP 之间的信号需要有一部分重叠,如图 6.10 所示,终端在重叠区域内会同时收到两个 AP 的 WiFi 信号,这两个信号使用不同频率,互不影响。

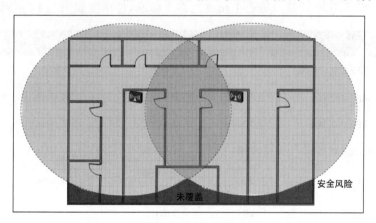

图 6.10　AP 组网

随着终端物理位置的变化,终端收到的两个 AP 的信号强度也会出现变化,当其中一个强度大于另外一个时就会连接到信号强度大的那个 AP 上,实现数据漫游。

WiFi 信号不像物理连线那样精准,有时候 WiFi 信号会覆盖到办公区域外面,如图 6.10 所示,办公区域外也可以连接企业 WiFi,存在安全风险。为了保证企业网络安全,WLAN 可以采用安全控制,如图 6.11 所示,连接 WiFi 的用户可以分为不同角色:

授权用户:企业员工,可以访问企业内部所有的资源;

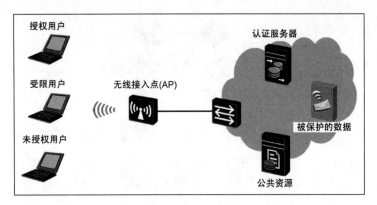

图 6.11　WLAN 安全

受限用户：企业访客、合作伙伴等，有时候需要连接 WiFi 访问因特网、查看采购合同等，但是不能访问其他合作伙伴资料和企业内部资料；

未授权用户：其他非法用户，不能连接企业 WiFi。

为了实现不同用户的控制，企业网络需要部署认证服务器，给不同用户分配不同权限，访问网络时根据权限控制网络资源访问。

WLAN 技术使用 IEEE 802.11 协议组，可以工作在 5GHz 和 2.4GHz 频段。5GHz 频段信号衰减严重，抗干扰能力差，传输距离较短，但是速率高；2.4GHz 频段抗衰减能力强，传输距离较远，但是速率较低。历史上出现过多个标准，各标准如图 6.12 所示。

版本	年份	频段	速率
IEEE 802.11-1997	1997	2.4 GHz	2 Mb/s
IEEE 802.11 a	1999	5 GHz	54 Mb/s
IEEE 802.11 b	1999	2.4 GHZ	11 Mb/s
IEEE 802.11 g	2003	2.4 GHz	54 Mb/s
IEEE 802.11 n	2009	2.4 GHz 5 GHz	600 Mb/s
IEEE 802.11 ac	2013	5 GHz	> 1 Gb/s

图 6.12　WLAN 的不同标准

WLAN 技术带宽可以满足企业办公需求，能够实现数据漫游，而且不需要物理连线，组网方便，是现在企业网络的主流组网方式。

第7章 丰富的企业网络互连

前面介绍的都是基于以太网的内容，现实网络中以太网应用最广泛，除了以太网之外，还有一些其他的二层协议，如 HDLC（High-Level Data Link Control，高级数据链路控制）、PPP（Point to Point Protocol，点对点协议）、PPPOE（PPP Over Ethernet，基于 Ethernet 的 PPP）等。其中 PPP 和 PPPOE 也会经常用到，例如家庭宽带上网场景中会用到 PPPOE。

本章介绍 HDLC、PPP、PPPOE 协议。如图 7.1 所示，这 3 个协议都属于链路层协议。

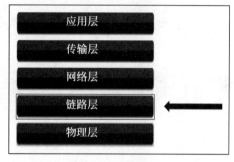

图 7.1　协议位置

7.1　HDLC 原理与配置

现在的网络绝大部分都是以太网，这是广播型网络，有广播 MAC 地址和广播 IP。但是历史上还存在着非广播网络，它们是点对点，或者点对多点网络。现实网络中也还有地方在使用这样的技术。

HDLC 技术可以支持点对点，也可以支持点对多点，如图 7.2 所示。网络设备分主站和从站，通常由主站来轮训、控制从站通信。

根据通信双方的链路结构和传输响应类型，HDLC 提供了 3 种操作方式：正常响应方式、异步响应方式和异步平衡方式。

正常响应方式（NRM，Normal Respond Mode）

NRM 适用于不平衡链路结构，即用于点-点和点-多点的链路结构中。这种方式中，由主站控制整个链路的操作，负责链路的初始化、数据流控制和链路复位等。从站的功能很简单，它只有在收到主站的明确允许后，才能发出响应。

异步响应方式（ARM，Asynchronous Respond Mode）

ARM 也适用于不平衡链路结构。它与 NRM 不同的是：在 ARM 方式中，从站可以不必得到主站的允许就开始数据传输，它的传输效率比 NRM 有所提高。

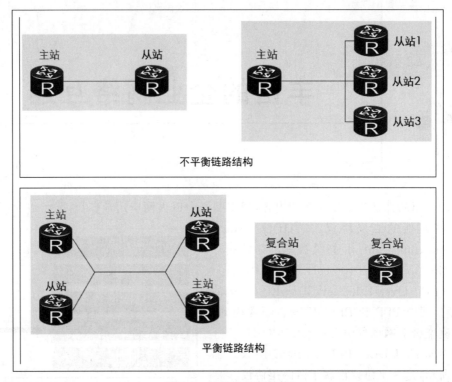

图 7.2　HDLC 组网结构

异步平衡方式（ABM，Asynchronous Balance Mode）

ABM 适用于平衡链路结构。链路两端的复合站具有同等的能力，不管哪个复合站均可在任意时间发送命令帧，并且不需要收到对方复合站发出的命令帧就可以发送响应帧。

HDLC 帧的结构如图 7.3 所示。

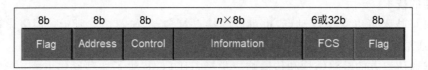

图 7.3　HDLC 帧的结构

Flag：帧头帧尾标志，取特殊字符串 01111110，特点是连续 6 个比特都是 1，如果里面的数据部分也有 01111110，会不会被误判为帧头或者帧尾？此时需要插"0"处理，连续 5 个 1 之后插入比特"0"，01111110 → 011111010。

插"0"之后，长度由 8 位变成了 9 位，因为 HDLC 协议里面封装的内容是比特流，不是字节，因此长度不是 8 的整数倍也没有关系。

Address：站点地址，取值范围 0～255，全"0"比特为无站地址，用于测试数据链路的状态，全"1"比特类似广播地址，所有站点都会接收，可用的地址范围是 1～254。

Control：稍复杂,后面详细介绍。

Information：实际的数据。

FCS：差错校验,如果发现错误,会要求对方重传。

HDLC 协议和 TCP 非常类似,也有链路建立、数据发送、差错校验、丢包重传、链路关闭等功能。通过 3 种不同类型的帧实现：

U 帧(Unnumbered Frame,无编号帧)：无编号帧用于数据链路的控制,它本身不带编号,可以在任何需要的时刻发出,而不影响带编号的信息帧的交换顺序。

I 帧(Information Frame,信息帧)：用于数据传送,它包含信息字段。

S 帧(Supervise Frame,监控帧)：用于监测和控制数据链路,实现信息帧的接收确认、重发请求、暂停发送请求等功能。

3 种不同类型的帧在 Control 信息里面标识,如图 7.4 所示。最高位取"0"标识 I 帧,最高两位取"11"标识 U 帧,最高两位取"10"标识 S 帧。

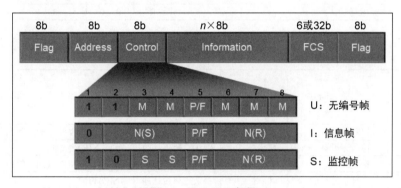

图 7.4　Control 字段

3 种帧的 b_5 都是 P/F,这是轮询/停止标志。主站将这位置"1"表示轮询,问从站是否有数据发送；从站置"1"表示停止,数据已经发完。从站如果发送多个数据帧,则在最后一个帧中置"1"。

U 帧中 b_3、b_4、b_6、b_7、b_8 不同组合标识不同功能,如图 7.5 所示,命令 C 表示主站发送,响应 R 表示从站回应。每一种组合具体内容这里不展开介绍。

I 帧的 N(S)：Number(Send),3b,取值范围 0～7,表示当前帧的编号,HDLC 协议中可以同时发多个 I 帧,在对方确认之前不能超过 8 个。

I 帧的 N(R)：Number(Receive),3b,表示当前已收到的帧序号。

I 帧和 TCP 非常类似,每个信息帧都有编号,如果出现丢包或者发送错误,可以进行重传。

S 帧的 b_3、b_4 和 N(R)配合使用,具体含义如图 7.6 所示。

RR(Receive Ready)：由主站或从站发送。主站可以使用 RR 型 S 帧来轮询从站,即希望从站传输编号为 N(R)的 I 帧,若存在这样的帧,便进行传输；从站也可用 RR 型 S 帧来作响应,表示希望从主站接收的下一个 I 帧编号是 N(R)。

名　称	类型		M₁	M₂
	命令	响应	b₃ b₄	b₆ b₇ b₃
置正常响应模式	C		0　0	0　0　1
置异步响应模式/断开方式	C	R	1　1	0　0　0
置异步平衡模式	C		1　1	1　0　0
置扩充正常响应模式	C		1　1	0　1　1
置扩充异常响应模式	C		1　1	0　1　0
置扩充异步平衡模式	C		1　1	1　1　0
断链/请求断链	C	R	0　0	0　1　0
置初始化方式/请求初始化方式	C		1　0	0　0　0
无编号探询	C		0　0	1　0　0
无编号信息	C		0　0	0　0　0
交换识别	C	R	1　1	1　0　1
复位	C		1　1	0　0　1
帧拒绝		R	1　0	0　0　1
无编号确认		R	0　0	1　1　0

图 7.5　U 帧控制字段

记忆符	名　称	比特		功　能
		b₃	b₄	
RR	接收准备好	0	0	确认,且准备接受下一帧,已收妥N(R)以前的各帧
RNR	接收未准备好	1	0	确认,暂停接收下一帧,N(R)含义同上
REJ	拒绝接收	0	1	否认,否认N(R)起的各帧,但N(R)以前的帧已收妥
SREJ	选择拒绝接收	1	1	否认,只否认序号为N(R)的帧

图 7.6　S 帧组合

RNR(Receive Not Ready):表示编号小于 N(R)的 I 帧已被收到,但当前正处于忙状态,尚未准备好接收编号为 N(R)的 I 帧,这可用来对链路流量进行控制。

REJ(Reject):由主站或从站发送,用以要求发送方对从编号为 N(R)开始的所有帧进行重发,这也暗示 N(R)以前的 I 帧已被正确接收。此消息在出现丢包的时候使用。

SREJ(Select Reject):它要求发送方发送编号为 N(R)单个 I 帧,并暗示其他编号的 I 帧已全部确认。当某个数据帧 FCS 差错校验失败的时候发送此消息。

站点之间信息交互如图 7.7 所示。

① 主站轮询 B 站是否要发送数据,B 表示 B 站地址,RR0 表示这是 RR 帧,希望收到编号为 0 的 I 帧,P 表示轮询;

② B 站发了 3 个 I 帧,B 表示 B 站地址,因为只有主站会接收,因此不用填主站地址,I00 表示这是 I 帧,第一个"0"表示当前帧编号,第二个"0"表示已接收帧的编号;

③ B 站发的第二个 I 帧,I10,1 表示当前帧编号;

④ B 站发的最后一个 I 帧,I20,2 表示当前帧编号,F 置"1",表示已发完;

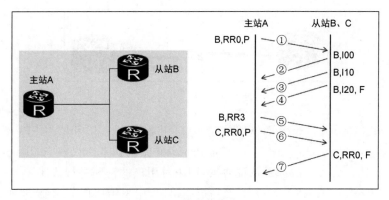

图 7.7　站点信息交互

⑤ 主站对 B 站数据的确认,RR3 表示编号 3 之前的帧已收到;

⑥ 主站轮询 C 站是否有数据发送,和前面轮询 B 站类似;

⑦ C 站没有数据发送,直接将 F 置"1"同时 C 站也问主站是否有数据发送。

HDLC 协议工作在串口上,配置 HDLC 协议如图 7.8 所示。

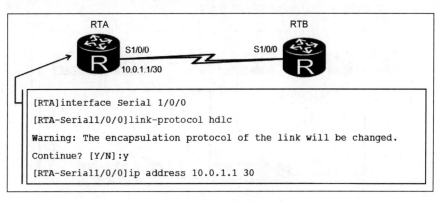

图 7.8　配置 HDLC 协议

HCIA 的考试大纲有 HDLC 内容,但是协议实际应用很少,大致了解一下其工作机制即可。

7.2　PPP 原理与配置

PPP 和 HDLC 有点类似,也是工作于串口上的协议,但是 PPP 只支持点对点组网,支持的组网结构如图 7.9 所示。

相比 HDLC,PPP 可以支持用户的账号和密码认证,还可以对密码进行加密,因此得到广泛应用,家庭宽带上网用的 PPPOE 就是在以太网基础上扩展了 PPP。

PPP 可以分为 3 个部分,分别是:

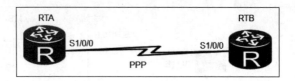

图 7.9　PPP 组网结构

LCP：Link Control Protocol，链路控制协议，用来建立、拆除和监控 PPP 数据链路。

PAP/CHAP：Password Authentication Protocol 密码认证协议 / Challenge Handshake Authentication Protocol 挑战握手认证协议，用来对用户的密码进行认证。

NCP：Network Control Protocol，网络控制协议，用来给用户分配 IP 地址等参数。

PPP 工作流程如图 7.10 所示：

① Dead：还没有配置 PPP；

② Establish：开始协商参数，包括后面用 PAP 还是 CHAP 进行密码认证；

③ Authenticate：密码认证，认证成功就进入 NCP 阶段，如果认证失败就直接关闭；

④ Network：协商网络参数，分配 IP 地址等参数；

⑤ Terminate：数据发送完成，或者认证失败。

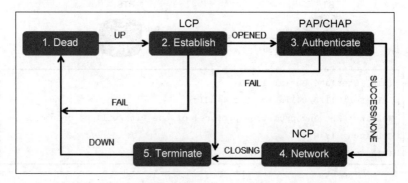

图 7.10　PPP 工作流程图

7.2.1　LCP 工作过程

LCP 阶段协商的参数主要有以下 3 个，如图 7.11 所示。

参数	作用	默认值
最大接收单元（MRU）	PPP数据帧中Information的长度	1500B
认证协议	认证对端使用的认证协议	不认证
魔术字	随机产生的数字，用于检测链路环路	启用

图 7.11　LCP 协商的参数

MRU：最大接收单元，双边要保持一致，默认值 1500。

认证协议：指的是密码认证用 PAP 还是 CHAP。PAP 认证的时候不对密码进行加密，不安全；CHAP 认证对密码进行加密，一旦有黑客截取了报文也无法看到密码。

魔术字：随机产生的 2B 数字，用于检测链路环路，工作机制如图 7.12 所示，路由器发出一个 PPP 报文，里面带有 0x5aa5 这个随机数字，如果从同一个接口又收到一个 PPP 报文，里面也带 0x5aa5，此时可以判断网络出现环路。

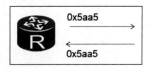

图 7.12　魔术字工作示意图

LCP 协商过程中使用以下 4 种报文，如图 7.13 所示。

报文类型	作用
Configure-Request	包含发送者试图与对端建立连接时使用的参数列表
Configure-Ack	表示完全接收对端发送的Configure-Request的参数取值
Configure-Nak	表示对端发送的Configure-Request中的某些参数在本端不支持
Configure-Reject	表示Configure-Request中的某些参数本端不能识别

图 7.13　LCP 报文

正常的协商过程如图 7.14 所示，RTA 将各个参数发给 RTB，RTB 接收各个参数，两边配置一致，可以进入下一步。

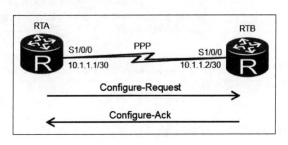

图 7.14　LCP 协商

RTA 在没有收到 Configure-Ack 报文的情况下，会每隔 3s 重传一次 Configure-Request 报文，如果连续 10 次发送 Configure-Request 报文仍然没有收到 Configure-Ack 报文，则认为对端不可用，停止发送 Configure-Request 报文。

如果 RTA 发的参数中，某些参数 RTB 不支持，例如 RTA 发给 RTB 的 MRU 是 1700B，但是 RTB 只支持 1500B，如图 7.15 所示，此时 RTB 发 NAK 给 RTA，告诉 RTA 哪些参数不支持，我支持的参数值是多少，通过 NAK 交互，最终 RTA 重新发送报文，使双边保持一致。

如果 RTA 发的参数中，某些参数 RTB 不能识别，例如 RTA 发了一个 MXU 的参数，但是 RTB 只知道 MRU，不认识 MXU，此时 RTB 会要求 RTA 删除该参数，如图 7.16 所示。

PPP 帧格式如图 7.17 所示。

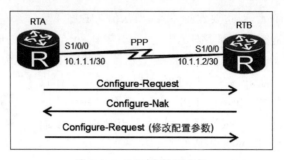

图 7.15   LCP 参数不支持

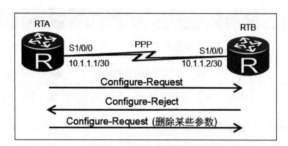

图 7.16   LCP 参数不识别

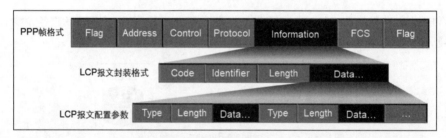

图 7.17   PPP 帧格式

Flag：和 HDLC 类似，PPP 也有帧头帧尾标识，值也是 01111110。

Address：固定值 11111111，这是点对点网络，不需要地址。

Control：固定值 0000011。

Protocol：标识里面封装的内容，0xC021 代表 LCP 报文，0xC023 代表 PAP 报文，0xC223 代表 CHAP 报文，0x8021 代表 NCP 报文。

Code：LCP 报文类型，0x01 表示 Configure-Request，0x02 表示 Configure-Ack 等，具体取值如图 7.18 所示。

Identifier：通常取值是 1，如果 Configure-Request 没有得到回应，还会再发，每隔 3s 发 1 个，连续发 10 个，这 10 个报文的内容完全一样，但是 Identifier 是递增的，1，2，…，10，对方回的时候

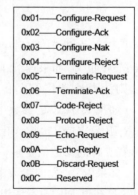

图 7.18   Code 取值

也要保证 Identifier 一致。例如对方收到的 Identifier 是 4,回的时候也填 4。

Length:参数总长度。

LCP 的参数是 TLV(Type Length Value)格式,例如 MRU 参数,Type=MRU,Length=2B,Value=1500。

7.2.2 PAP/CHAP 工作过程

LCP 协商完成后,进入用户认证阶段,用户认证有两种不同模式,分别是 PAP 和 CHAP,PAP 不对密码进行加密,如图 7.19 所示,RTB 将用户名和密码直接发给 RTA,RTA 返回认证结果。

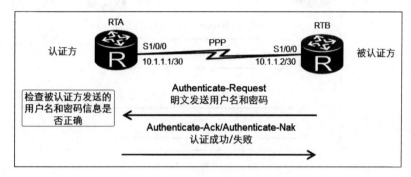

图 7.19 PAP 密码认证

PAP 方式有密码被窃取的风险,CHAP 模式可以对密码进行加密,工作过程如图 7.20 所示。

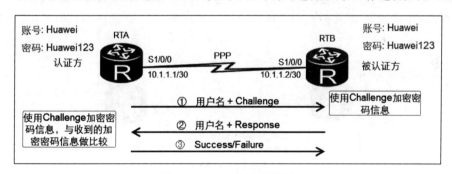

图 7.20 CHAP 密码认证

① RTA 发用户名和 Challenge 给 RTB,其中 Challenge 是一串随机字符串,例如@#$56abcfr532;

② RTB 收到之后,将自己的密码和 Challenge 按一定算法计算得到另外一个字符串,例如:%^34@!8(hgGF;然后将这个字符串和用户名发给 RTA;

③ RTA 自己也将密码和 Challenge 进行计算,将计算结果和%^34@!8(hgGF 进行比较,如果完全一致就告诉 RTB 成功,否则就失败。

在交互的报文中看不到原始密码,因此 CHAP 认证方式比较安全。

7.2.3 NCP 工作过程

PAP/CHAP 认证成功后进入 NCP 阶段,NCP 阶段主要协商网络参数,有静态方式和动态方式两种。

静态 IPCP(IP Configure Protocol,静态地址配置协议):该模式下,IP 地址通过手动配置,如图 7.21 所示,双方要互相确认 IP 地址,避免 IP 地址冲突。

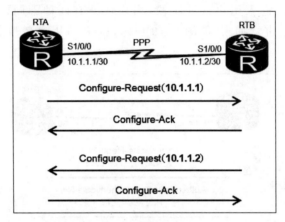

图 7.21 静态 IPCP

动态 IPCP:该模式下由服务器来分配地址,如图 7.22 所示,RTB 是服务器,RTA 地址由服务器分配,RTA 刚开始地址是 0.0.0.0,发给 RTB 之后,RTB 分配了一个地址 10.1.1.1,然后 RTA 再用新地址请求一次,RTB 用 ACK 进行确认后正常使用,同时 RTB 也要跟RTA 确认地址。

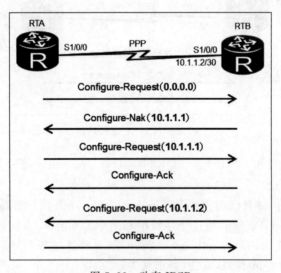

图 7.22 动态 IPCP

PPP 配置如图 7.23 所示,CHAP 模式,RTA 是服务器,对 RTB 的密码进行验证。

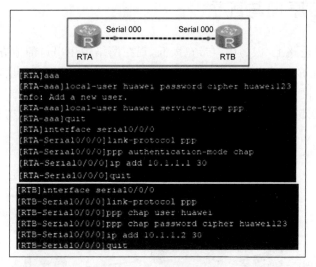

```
[RTA]aaa
[RTA-aaa]local-user huawei password cipher huawei123
Info: Add a new user.
[RTA-aaa]local-user huawei service-type ppp
[RTA-aaa]quit
[RTA]interface serial0/0/0
[RTA-Serial0/0/0]link-protocol ppp
[RTA-Serial0/0/0]ppp authentication-mode chap
[RTA-Serial0/0/0]ip add 10.1.1.1 30
[RTA-Serial0/0/0]quit

[RTB]interface serial0/0/0
[RTB-Serial0/0/0]link-protocol ppp
[RTB-Serial0/0/0]ppp chap user huawei
[RTB-Serial0/0/0]ppp chap password cipher huawei123
[RTB-Serial0/0/0]ip add 10.1.1.2 30
[RTB-Serial0/0/0]quit
```

图 7.23   PPP 配置

实验抓包验证:路由器启动之后就开启抓包,两边配置完成之后就会开始协商,如图 7.24 所示。

```
57 180.437000 N/A    N/A    PPP LCP    Configuration Request
58 180.437000 N/A    N/A    PPP LCP    Configuration Request
59 180.437000 N/A    N/A    PPP LCP    Configuration Ack
60 180.453000 N/A    N/A    PPP LCP    Configuration Ack
61 180.453000 N/A    N/A    PPP CHAP   Challenge (NAME='', VALUE=0x0c818b046239ecfaed11c228173336fe)
62 180.469000 N/A    N/A    PPP CHAP   Response (NAME='huawei', VALUE=0x31becaade74d4e3f899982246fbb2987)
63 180.484000 N/A    N/A    PPP CHAP   Success (MESSAGE='Welcome to .')
64 180.484000 N/A    N/A    PPP IPCP   Configuration Request
65 180.500000 N/A    N/A    PPP IPCP   Configuration Request
66 180.500000 N/A    N/A    PPP IPCP   Configuration Ack
67 180.500000 N/A    N/A    PPP IPCP   Configuration Ack
68 190.453000 N/A    N/A    PPP LCP    Echo Request
69 190.453000 N/A    N/A    PPP LCP    Echo Reply
70 190.453000 N/A    N/A    PPP LCP    Echo Request
71 190.469000 N/A    N/A    PPP LCP    Echo Reply
```

图 7.24   PPP 报文抓取

报文 57、58:RTA 和 RTB 互相发 LCP 协商请求。

报文 59、60:RTA 和 RTB 互相发确认 ACK。

报文 61:服务器 RTA 给 RTB 发的 Challenge。

报文 62:RTB 发给 RTA 的 Respond,里面带加密过的密码。

报文 63:RTA 给 RTB 回复认证成功。

报文 64、65、66、67:IPCP 阶段,这里用的是静态 IPCP,双方确认一遍。

报文 68、69:链路维护,服务器会定期发一个 Echo Request,RTB 回复 Echo Reply。

PPP 总共分为 3 个部分,分别是 LCP、PAP/CHAP、NCP,每个部分的功能,以及工作过程都需要掌握。

7.3 PPPOE 原理与配置

PPP 用于串口链路上,因为串口带宽太低,现在网络中用串口的地方很少,PPP 也很少用到。但是 PPP 能够做用户密码认证,而且可以给客户端分配 IP 地址,因为有这些优点,PPP 被扩展到以太网上使用,衍生为 PPPOE(PPP Over Ethernet)。

PPPOE 的应用场景如图 7.25 所示,家庭用户或者企业用户从运营商那里获得宽带接入,可以是电话线 ADSL 连接方式,也可以是光纤 GPON 连接方式。

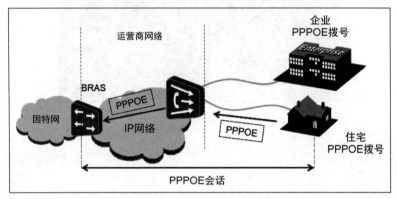

图 7.25　PPPOE 的应用场景

用户需要在路由器上输入用户名/密码才能成功连接网络,单击连接请求的时候,路由器发 PPPOE 报文到运营商网络,最终报文转到 BRAS(Broadband Remote Access Server,宽带远程接入服务器),由 BRAS 处理 PPPOE 报文,因此 PPPOE 是最终用户和 BRAS 之间使用的协议。

BRAS 服务器对用户的账号/密码进行认证,控制用户的网络接入。BRAS 服务器还可以对用户进行计费,如果是按月缴费,BRAS 服务器会设置账号/密码的有效期,过期之后用户无法访问网络。

PPPOE 工作流程可以分为 3 个阶段,如图 7.26 所示。

阶段	描述
发现阶段	获取服务器以太网地址,以及确定唯一的PPPoE会话
会话阶段	包含两部分:PPP协商阶段(LCP和NCP)和PPP报文传输阶段
会话终结阶段	会话建立以后的任意时刻,发送报文结束PPPoE会话

图 7.26　PPPOE 工作流程

发现阶段:客户端寻找服务器,这个过程和 DHCP 类似。

会话阶段:找到服务器之后,开始 PPP 协商,里面又包括 LCP、PAP/CHAP、NCP,另外还包括数据传输。

会话终结阶段：结束 PPPOE。

发现阶段和 DHCP 类似，也是寻找服务器的一个过程，PPPOE 发现阶段包括 4 个步骤，如图 7.27 所示。

类型	描述
PADI (PPPoE Active Discovery Initiation)	PPPoE 发现初始报文
PADO (PPPoE Active Discovery Offer)	PPPoE 发现提供报文
PADR (PPPoE Active Discovery Request)	PPPoE 发现请求报文
PADS (PPPoE Active Discovery Session)	PPPoE 发现会话确认报文

图 7.27　PPPOE 发现阶段

PADI：广播寻找服务器，这是因为网络中可能部署不止 1 台 BRAS 服务器，用来做备份或者负载分担，报文格式如图 7.28 所示。

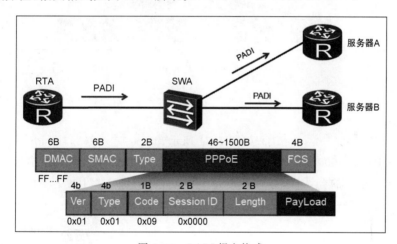

图 7.28　PADI 报文格式

PPPOE 报文封装在以太网帧里，用以太网的帧结构，PADI 目标 MAC 是广播 MAC，Type 取值 0x8863 表示里面是 PPPOE 数据。Version、Type 固定值 0x01，Code 取值 0x09 表示这是 PADI 报文，Session ID 由服务器分配，初始填 0x0000。

PADO：服务器给客户端提供的 Offer，如图 7.29 所示，两个服务器都会发，客户端选择先到的那个。Type=0x8863，version=0x01，Type=0x01，Session ID=0x0000，Code 取值 0x07，表示这是 PADO 报文。

PADR：客户端向服务器请求 Session ID，如图 7.30 所示，这是一个单播报文，因为前面的 PADO 中服务器并没有分配资源，所以不需要再通知服务器 B。

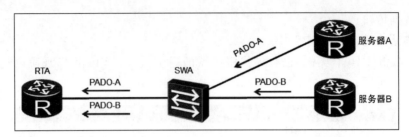

图 7.29　PADO

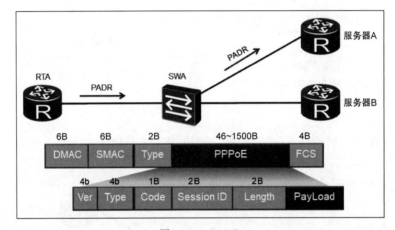

图 7.30　PADR

Type＝0x8863，version＝0x01，Type＝0x01，Session ID＝0x0000，Code 取值 0x19，表示这是 PADR。

PADS：服务器分配 Session ID，如图 7.31 所示，Type＝0x8863，version＝0x01，Type＝0x01，Session ID＝0x0007，Code 取值 0x65，表示这是 PADS。服务器给客户端分配了 Session ID，这是客户的会话标识，后面的所有报文都必须带这个 ID。

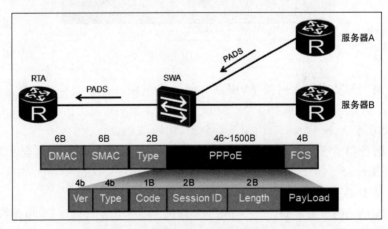

图 7.31　PADS

通过 PADI、PADO、PADR、PADS 这 4 个步骤之后,客户端发现了服务器,并且服务器给客户端分配了 Session ID,接着就开始会话阶段。会话阶段中先进行 PPP 协商,然后传输数据。

PPP 协商报文如图 7.32 所示,Type=0x8864,Version=0x01,Type=0x01,Code=0,Session ID=0x0007。PPP 协商阶段的 Type 和前面服务器发现的 Type 有点区别,另外Session ID 一直要填之前服务器分配的 ID。

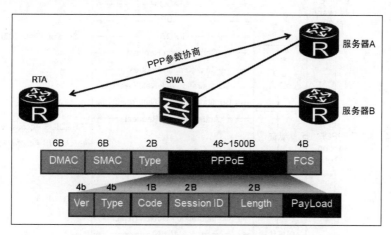

图 7.32 PPP 协商报文格式

PPP 协商过程就不重复了,前面有具体介绍。PPP 协商成功后开始传送数据,Session ID 一直填 0x0007。

关闭 PPPOE 会话使用 PADT,协议报文格式如图 7.33 所示,Type=0x8863,Version=0x01,Type=0x01,Session ID=0x0007,Code 取值 0xA7,表示这是 PADT。

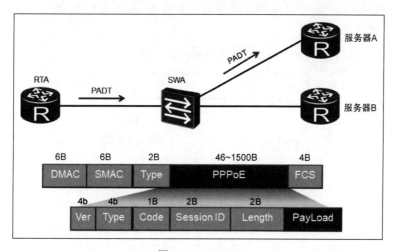

图 7.33 PADT

完整的 PPPOE 过程如图 7.34 所示,总体可以分为服务器发现阶段和 PPPOE 会话两个阶段,PPPOE 会话又分为 LCP、认证、NCP、数据传输等各个阶段。

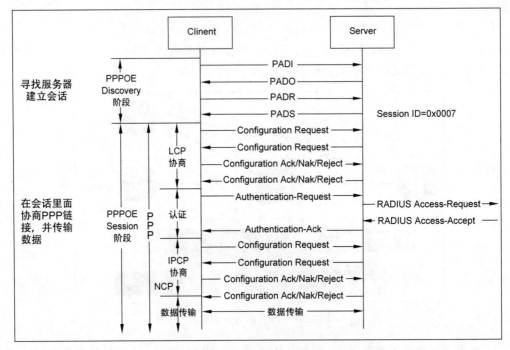

图 7.34　PPPOE 全过程

用户名/密码可以存放在 PPPOE 服务器上,也可以存放在专门的认证服务器上,例如 RADIUS 服务器,如果用 RADIUS 服务器还需要和 RADIUS 服务器交互。

PPP 的 LCP、认证、NCP 具体内容这里不展开介绍,可参考 7.2 节。

PPPOE 实验演示:

实验拓扑如图 7.35 所示,RTB 是服务器,RTA 是客户端。

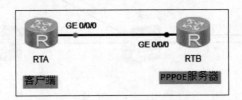

图 7.35　PPPOE 实验拓扑

注:RTA 和 RTB 接口都不用配置 IP。另外用 ENSP 模拟器做实验时,路由器用 AR3260,用其他路由器可能导致实验失败,这是因为模拟器对不同路由器的支持情况不大一样。

做实验时,连接好拓扑并将路由器启动之后,在链路上开始抓包,然后先配置服务器,再配置客户端,这样就可以抓到 PPPOE 交互的报文。

PPPOE 服务器配置：

（1）配置地址池，用于给客户端分配 IP 地址，配置命令如图 7.36 所示。

```
[RTB]ip pool pool1
Info: It's successful to create an IP address pool.
[RTB-ip-pool-pool1]network 192.168.10.0 mask 255.255.255.0
[RTB-ip-pool-pool1]gateway-list 192.168.10.1
[RTB-ip-pool-pool1]quit
```

图 7.36　配置地址池

（2）配置一个名字叫 system 的域，用来给用户做认证（Authentication）和授权（Authorization）。认证可以控制用户是否能访问网络，授权可以控制用户访问哪些资源。

实验中认证用的是本地认证（除了本地认证还可以是远程认证——需要 RADIUS 服务器配合），授权都使用默认值，这里配置一个空模板就可以，然后 system 域绑定认证和授权模板，如图 7.37 所示。

```
[RTB-aaa]
[RTB-aaa]authentication-scheme system_a
Info: Create a new authentication scheme.
[RTB-aaa-authen-system_a]authentication-mode local
[RTB-aaa-authen-system_a]quit
[RTB-aaa]authorization-scheme system_a
Info: Create a new authorization scheme.
[RTB-aaa-author-system_a]quit
[RTB-aaa]domain system
Info: Success to create a new domain.
[RTB-aaa-domain-system]authentication-scheme system_a
[RTB-aaa-domain-system]authorization-scheme system_a
[RTB-aaa-domain-system]quit
[RTB-aaa]
```

图 7.37　配置 system 域

（3）创建一个用户，如图 7.38 所示，该用户名/密码用来做 PPP 认证。用户名是 user1@system，PPPOE 账号用这个格式，@后面跟着域名，system 域是在上一步创建的。

```
[RTB-aaa]local-user user1@system password cipher huawei123
Info: Add a new user.
[RTB-aaa]local-user user1@system service-type ppp
[RTB-aaa]quit
```

图 7.38　创建 PPP 用户

（4）创建一个模板，将 system 域、地址池、网关都定义好，然后绑定到端口上，启动 PPPOE 服务器，如图 7.39 所示。绑定之后接口 G0/0/0 就带有 192.168.10.1 这个 IP 地址。

PPPOE 服务器配置完成，启动服务器之后完全按上面命令配置就可以，不需要任何其他命令。

```
[RTB]interface virtual-template 1
[RTB-Virtual-Template1]ppp authentication-mode chap domain system
[RTB-Virtual-Template1]ip address 192.168.10.1 255.255.255.0
[RTB-Virtual-Template1]remote address pool pool1
[RTB-Virtual-Template1]ppp ipcp dns 10.10.10.10 10.10.10.11
[RTB-Virtual-Template1]quit
[RTB]interface g0/0/0
[RTB-GigabitEthernet0/0/0]pppoe-server bind virtual-template 1
[RTB-GigabitEthernet0/0/0]quit
[RTB]
```

图 7.39　创建模板并绑定到接口

PPPOE 客户端配置：

创建拨号器，然后绑定到 G0/0/0 接口上，自动开始拨号，如图 7.40 所示。拨号成功后，获得 IP 地址，可以 ping 通 PPPOE 服务器。

```
[RTA]interface dialer 1
[RTA-Dialer1] dialer user user2
[RTA-Dialer1]dialer bundle 1
[RTA-Dialer1]ppp chap user user1@system
[RTA-Dialer1]ppp chap password cipher huawei123
[RTA-Dialer1]ip address ppp-negotiate
[RTA-Dialer1]quit
[RTA]
[RTA]interface g0/0/0
[RTA-GigabitEthernet0/0/0]pppoe-client dial-bundle-number 1
[RTA-GigabitEthernet0/0/0]quit
[RTA]quit
<RTA>ping 192.168.10.1
  PING 192.168.10.1: 56  data bytes, press CTRL_C to break
    Reply from 192.168.10.1: bytes=56 Sequence=1 ttl=255 time=60 ms
    Reply from 192.168.10.1: bytes=56 Sequence=2 ttl=255 time=10 ms
    Reply from 192.168.10.1: bytes=56 Sequence=3 ttl=255 time=10 ms
    Reply from 192.168.10.1: bytes=56 Sequence=4 ttl=255 time=10 ms
    Reply from 192.168.10.1: bytes=56 Sequence=5 ttl=255 time=10 ms
```

图 7.40　PPPOE 客户端配置

实验前启动了抓包，此时可以看到完整的 PPPOE 报文交互过程，如图 7.41 所示。

报文 1、2、3、4：PPPOE 服务器发现阶段，分别是 PADI、PADO、PADR、PADS。

报文 5～13：LCP 协商阶段。

报文 14、15、16：CHAP 密码交互。

报文 17～22：NCP 阶段，PPPOE 服务器给客户端分配 IP 地址。

报文 23 之后是 PPP 链路维护，隔一段时间用 Echo Request 和 Echo Reply 确定链路是否还正常工作。

本章详细介绍了 HDLC、PPP、PPPOE 这 3 个协议，其中 PPPOE 应用非常广泛，PPPOE 又用到了 PPP，因此 PPP、PPPOE 这两个协议是本章重点内容。

	Time	Source	Destination	Protocol	Info
1	0.000000	HuaweiTe	Broadcast	PPPoED	Active Discovery Initiation (PADI)
2	0.015000	HuaweiTe	HuaweiTe_d	PPPoED	Active Discovery Offer (PADO) AC-Name='RTB00e0fca359dd'
3	0.031000	HuaweiTe	HuaweiTe_a	PPPoED	Active Discovery Request (PADR) AC-Name='RTB00e0fca359dd'
4	0.031000	HuaweiTe	HuaweiTe_d	PPPoED	Active Discovery Session-confirmation (PADS) AC-Name='RTB00e0fca359dd'
5	0.031000	HuaweiTe	HuaweiTe_d	PPP LCP	Configuration Request
6	0.109000	HuaweiTe	HuaweiTe_a	PPP LCP	Configuration Request
7	0.125000	HuaweiTe	HuaweiTe_d	PPP LCP	Configuration Ack
8	3.031000	HuaweiTe	HuaweiTe_d	PPP LCP	Configuration Request
9	3.047000	HuaweiTe	HuaweiTe_a	PPP LCP	Configuration Request
10	3.047000	HuaweiTe	HuaweiTe_a	PPP LCP	Configuration Nak
11	3.062000	HuaweiTe	HuaweiTe_d	PPP LCP	Configuration Ack
12	3.062000	HuaweiTe	HuaweiTe_d	PPP LCP	Configuration Request
13	3.078000	HuaweiTe	HuaweiTe_a	PPP LCP	Configuration Ack
14	3.078000	HuaweiTe	HuaweiTe_d	PPP CHAP	Challenge (NAME='', VALUE=0xaf01b614d73346550e051dba843eac08)
15	3.093000	HuaweiTe	HuaweiTe_a	PPP CHAP	Response (NAME='user1@system', VALUE=0xcffe16bb7e6f8cf09088a9f096d97338)
16	3.093000	HuaweiTe	HuaweiTe_d	PPP CHAP	Success (MESSAGE='Welcome to .')
17	3.093000	HuaweiTe	HuaweiTe_d	PPP IPCP	Configuration Request
18	3.109000	HuaweiTe	HuaweiTe_a	PPP IPCP	Configuration Request
19	3.109000	HuaweiTe	HuaweiTe_a	PPP IPCP	Configuration Ack
20	3.109000	HuaweiTe	HuaweiTe_d	PPP IPCP	Configuration Nak
21	3.125000	HuaweiTe	HuaweiTe_d	PPP IPCP	Configuration Request
22	3.125000	HuaweiTe	HuaweiTe_d	PPP IPCP	Configuration Ack
23	13.047000	HuaweiTe	HuaweiTe_a	PPP LCP	Echo Request
24	13.062000	HuaweiTe	HuaweiTe_d	PPP LCP	Echo Reply
25	13.109000	HuaweiTe	HuaweiTe_d	PPP LCP	Echo Request
26	13.109000	HuaweiTe	HuaweiTe_a	PPP LCP	Echo Reply

图 7.41　PPPoE 抓包分析

第8章

企业网络安全

企业网络安全包括的范围很广,HCIA 课程会介绍几种常用的安全技术,本章包含 4 节内容,分别是:

ACL(Access Control List,访问控制列表)原理与配置;

AAA(Authentication Authorization Accounting,认证、授权、计费)原理与配置;

GRE(Generic Routing Encapsulation,通用路由封装协议)VPN 原理与配置;

IPSec(IP Security,IP 安全)VPN 原理与配置。

8.1 ACL 原理与配置

ACL 访问控制列表用来控制网络的访问,如图 8.1 所示,销售部门需要访问因特网,但是不能访问版本服务器,研发部门可以访问版本服务器,但是不能访问因特网。

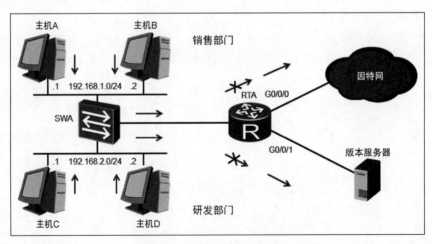

图 8.1 ACL 应用场景

ACL 还可以用来筛选流量,如图 8.2 所示,上方的流量可以直接访问因特网,下方的流量需要加密之后才发往因特网。

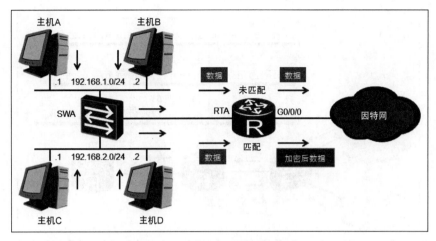

图 8.2　流量筛选

ACL 的定义如图 8.3 所示，acl 2000 定义一个编号是 2000 的 ACL，ACL 里面可以包含多个规则，每个规则也有编号，匹配规则的时候按照先后顺序匹配，例如 rule 10 比 rule 15 先匹配。

```
acl 2000
rule 5 deny source 192.168.1.0 0.0.0.255
rule 10 deny source 172.16.0.0 0.0.0.255
rule 15 permit source 172.17.0.0 0.0.0.255
deny
```

图 8.3　ACL 格式

默认 rule 的编号步长为 5，为将来扩展留个间隙。例如要重新定义一个规则，希望在 rule 5 之后，在 rule 10 之前执行，可以定义一个 rule 6 的规则。

每个 rule 规则只有两种选择，要么 deny 拒绝，要么 permit 允许。

rule 5 deny source 192.168.1.0 0.0.0.255 指的是源 IP 地址为 192.168.1.0 的 IP 报文会被拒绝。

每个报文与 rule 逐条进行匹配，按照编号先后顺序，如果有某条 rule 匹配了，就停止继续匹配，如果所有 rule 都无法匹配就执行默认动作，最后的 deny 定义默认丢弃。

如图 8.4 所示，RTA 上有一个编号 2000 的 ACL，里面有 3 条 rule，左边有两个网段，分别是 172.16.0.0/24，172.17.0.0/24。左边网络发报文经过 RTA 时，不同源 IP 地址的报文匹配结果如下：

① 源 IP 地址是 172.16.0.0 的报文首先和 rule 5 进行匹配，匹配不成功，接着匹配 rule 10，匹配成功，执行 deny 动作，报文被丢弃，后面的 rule 不再匹配；

② 源 IP 地址是 172.17.0.0 的报文首先和 rule 5 进行匹配，匹配不成功，接着匹配 rule 10，匹配不成功，再匹配 rule 15，匹配成功，执行 permit 动作，报文通过，转发给 RTB。

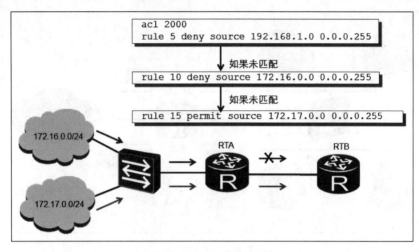

图 8.4　ACL 规则应用

后面的掩码 0.0.0.255 指的是前面 3B 必须完全匹配,最后 1B 任意,这里的掩码 0 和 1 可以不连续,例如 rule 10 可以改成这么定义:rule 10 deny source 172.16.0.0 0.255.0. 255,如果掩码改成 0.222.0.255,172.17.0.0 也可以匹配,报文也会被丢弃。

ACL 有不同分类,可以大致分为 4 类,如图 8.5 所示。

分类	编号范围	参数
基本ACL	2000~2999	源IP地址等
高级ACL	3000~3999	源IP地址、目标IP地址、 源端口、目的端口等
2层ACL	4000~4999	源MAC地址、目标MAC地址、以太帧协议类型等
自定义ACL	5000~5999	可以以报文的报文头、IP头等为基准,指定从第几个字节开始与掩码进行"与"操作,将从报文提取出来的字符串和用户定义的字符串进行比较,找到匹配的报文

图 8.5　ACL 分类

基本 ACL:编号取值范围是 2000~2999,根据源 IP 来筛选报文,如图 8.6 所示。

```
[Huawei-acl-basic-2000]rule 5 deny ?
  fragment-type  Specify the fragment type of packet
  source         Specify source address
  time-range     Specify a special time
  vpn-instance   Specify a VPN-Instance
  <cr>

[Huawei-acl-basic-2000]rule 5 deny source 192.168.0.0 0.0.0.255
[Huawei-acl-basic-2000]
```

图 8.6　基本 ACL

高级 ACL：编号取值范围是 3000～3999，可以基于多种信息来筛选报文，如图 8.7 所示。可以基于 IP、UDP、TCP 等，选择 IP 地址之后，还可以基于目标、源 IP 地址、优先级等。

```
[Huawei-acl-adv-3000]rule 5 deny ?
  <1-255>   Protocol number
  gre       GRE tunneling(47)
  icmp      Internet Control Message Protocol(1)
  igmp      Internet Group Management Protocol(2)
  ip        Any IP protocol
  ipinip    IP in IP tunneling(4)
  ospf      OSPF routing protocol(89)
  tcp       Transmission Control Protocol (6)
  udp       User Datagram Protocol (17)

[Huawei-acl-adv-3000]rule 5 deny ip ?
  destination     Specify destination address
  dscp            Specify dscp
  fragment-type   Specify the fragment type of packet
  precedence      Specify precedence
  source          Specify source address
  time-range      Specify a special time
  tos             Specify tos
  vpn-instance    Specify a VPN-Instance
  <cr>

[Huawei-acl-adv-3000]rule 5 deny ip destination 192.168.0.0 0.0.0.255
[Huawei-acl-adv-3000]
```

图 8.7 高级 ACL

2 层 ACL：取值范围 4000～4999，基于以太网帧头信息来筛选报文，如图 8.8 所示。可以基于目标、源 MAC，还可以基于 VLAN 优先级。

```
[Huawei]acl 4000
[Huawei-acl-L2-4000]rule 5 permit ?
  8021p             Vlan priority
  destination-mac   Destination-mac
  l2-protocol       Layer 2 protocol
  source-mac        Source mac
  time-range        Specify a special time
  vlan-id           Vlan id
  <cr>              Please press ENTER to execute command
[Huawei-acl-L2-4000]rule 5 permit source-mac ?
  MAC_ADDR<XXXX-XXXX-XXXX>   Source MAC address value
[Huawei-acl-L2-4000]rule 5 permit source-mac 2345-3456-5678
[Huawei-acl-L2-4000]
```

图 8.8 2 层 ACL

自定义 ACL：取值范围 5000～5999，平时用得不多，有些设备不支持，如图 8.9 所示，eNSP AR3260 路由器不支持该功能。了解一下即可。

实验演示：

实验拓扑如图 8.10 所示，4 台 PC 连接到路由器上，左边 2 台 PC 当普通主机，右边 2 台 PC 当服务器，各 PC 接口 IP 地址如图所示，路由器的 2 个接口是对应的网关，IP 配置 x.x.x.1。

```
[Huawei]acl ?
  INTEGER<2000-2999>  Basic access-list(add to current using rules)
  INTEGER<3000-3999>  Advanced access-list(add to current using rules)
  INTEGER<4000-4999>  Specify a L2 acl group
  ipv6                ACL IPv6
  name                Specify a named ACL
  number              Specify a numbered ACL
```

图 8.9　不支持 5000～5999 范围

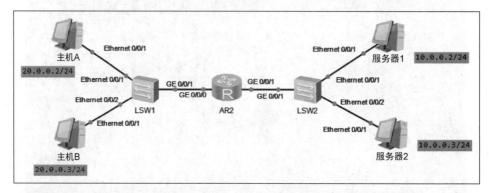

图 8.10　ACL 实验拓扑

实验目标：主机 A 能 ping 服务器 1，但是不能 ping 服务器 2；主机 B 能 ping 服务器 2，但是不能 ping 服务器 1。

各个 PC 配置如图 8.11 所示，配置好 IP 地址、子网掩码、网关。4 台 PC 类似，这里不再重复。

路由器配置步骤如下：

① 配置路由器接口 IP 地址，如图 8.12 所示；

② 配置高级 ACL，同时匹配源 IP 地址和目标 IP 地址，而且是完全匹配，使用的掩码是 0.0.0.0，如图 8.13 所示，从 20.0.0.2 去往 10.0.0.2 的报文可以通过，从 20.0.0.3 去往 10.0.0.3 也可以通过，其他的全部拒绝；

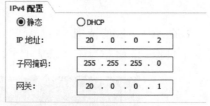

图 8.11　PC 配置

```
[Huawei]interface g0/0/0
[Huawei-GigabitEthernet0/0/0]ip add 20.0.0.1 24
[Huawei-GigabitEthernet0/0/0]interface g0/0/1
[Huawei-GigabitEthernet0/0/1]ip add 10.0.0.1 24
[Huawei-GigabitEthernet0/0/1]quit
```

图 8.12　配置路由器接口 IP 地址

```
[Huawei]acl 3000
[Huawei-acl-adv-3000]rule 5 permit ip source 20.0.0.2 0.0.0.0 destination 10.0.0.2 0.0.0.0
[Huawei-acl-adv-3000]rule 10 permit ip source 20.0.0.3 0.0.0.0 destination 10.0.0.3 0.0.0.0
[Huawei-acl-adv-3000]rule 15 deny ip
[Huawei-acl-adv-3000]quit
```

图 8.13　配置高级 ACL

③ 将 ACL 规则绑定到接口上,如图 8.14 所示。接口 G0/0/1 的出方向报文执行 ACL 3000;

```
[Huawei-GigabitEthernet0/0/1]traffic-filter outbound acl 3000
[Huawei-GigabitEthernet0/0/1]quit
```

图 8.14 绑定 ACL 到接口上

④ 验证配置结果,如图 8.15 所示,主机 A 可以 ping 通服务器 1,但是不能 ping 通服务器 2;主机 B 可以 ping 通服务器 2,但是不能 ping 通服务器 1。

图 8.15 实验结果

注:本实验使用 eNSP 的 AR3260 路由器。

8.2 AAA 原理与配置

AAA 是一种提供认证、授权和计费的安全技术,该技术可以用于验证用户账号是否合法,为用户授权其可以访问的服务,并记录用户使用网络资源的情况。例如,企业总部需要对服务器的资源访问进行控制,只有通过认证的用户才能访问特定的资源,并对用户使用资源的情况进行记录。

如图 8.16 所示,NAS(Network Access Server,网络访问服务器)负责集中收集和管理用户的访问请求,AAA 服务器可以是 RADIUS 或 HWTACACS 服务器,负责制定认证、授权和计费方案。NAS 实际应用中使用路由器。

企业员工访问服务器时,首先发请求到 NAS,NAS 要求对用户进行认证,用户发送用户名/密码到 NAS,NAS 将用户名/密码转给 AAA 服务器,由 AAA 判断该用户是否可以访问服务器,并授权该用户可以访问哪些资源,另外还可以对该用户的行为进行计费监控。

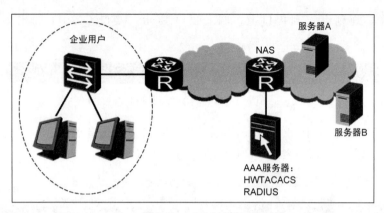

图 8.16　AAA 方案

运营商网络计费功能用得比较多,企业网络里一般不使用计费功能,常用的是认证和授权。目前,AR 系列路由器只支持配置认证和授权。

AAA 认证有 3 种方式:不认证、本地认证、远端认证。

不认证:不对用户进行控制,直接访问网络资源。

本地认证:用户名/密码配置在 NAS 上,用户请求认证时,不需要远端服务器配合。

远端认证:用户名/密码配置在专门的 AAA 服务器上。

如果同时配置了本地认证和远端认证,按照配置的先后顺序生效,例如先配置了远端认证,再配置本地认证,那么优先使用远端认证,如果远端认证没有响应,再使用本地认证;如果远端服务器没有配置该用户,但是本地配置了,结果是远端认证失败,不再进行本地认证,用户无法通过认证。

大型网络通常使用专门的 AAA 服务器,因为网络设备太多,维护工作量太大,使用专门的服务器来统一管理用户效率更高,每个 NAS 都把用户请求转到 AAA 服务器。如果是小型网络,只有 1～2 个 NAS,使用本地认证也是可以的。

AAA 授权用来控制用户可以访问的资源,如图 8.17 所示,可以给不同用户设置访问网络的时间段,以及访问网络的权限,例如权限 15 的 Admin 用户可以访问私有的服务器 B,但是普通用户权限级别是 2,只能访问服务器 A。

和认证类似,AAA 支持的授权方式也分:不授权,本地授权,远端授权。

AAA 计费用来统计用户的网络访问行为,如图 8.18 所示,可以记录访问网络的起始时间点、访问时长、使用的流量等和用户相关的信息。

为了方便用户的管理,通常使用模板来定义用户的认证、授权、计费策略,把相关的配置放到模板里面,然后通过用户名来绑定模板,例如 user1@huawei,user2@system,@后面跟着模板的名字,user1 和 user2 使用的不同模板也称之为域,如图 8.19 所示。

实验配置:

如图 8.20 所示,网络中有主备两个 RADIUS 服务器,Router 是 NAS,远端＋本地模式,用户域 Huawei。

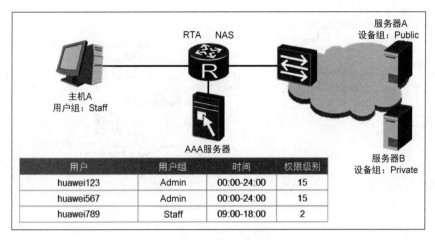

图 8.17　AAA 授权

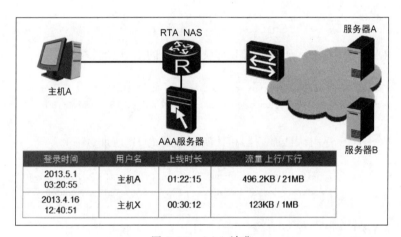

图 8.18　AAA 计费

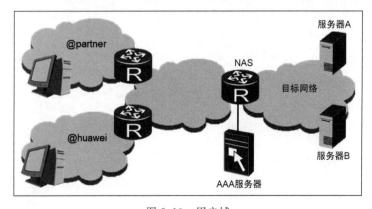

图 8.19　用户域

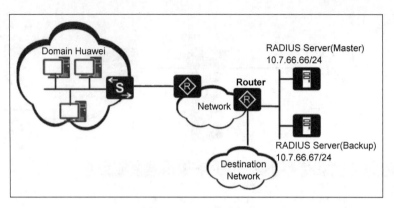

图 8.20 AAA 实验拓扑

① 配置 RADIUS 服务器,通过设置不同权重来区分主备;

```
[Router] radius - server template RS
```

配置 RADIUS 主用认证服务器和计费服务器的 IP 地址、端口。

```
[Router - radius - RS] radius - server authentication 10.7.66.66 1812 weight 80
[Router - radius - RS] radius - server accounting 10.7.66.66 1813 weight 80
```

配置 RADIUS 备用认证服务器和计费服务器的 IP 地址、端口。

```
[Router - radius - RS] radius - server authentication 10.7.66.67 1812 weight 40
[Router - radius - RS] radius - server accounting 10.7.66.67 1813 weight 40
```

配置 RADIUS 服务器密钥,密钥需要和 RADIUS 服务器匹配。

```
[Router - radius - RS] radius - server shared - key cipher Huawei@2012
```

② 配置认证、授权、计费方案;
配置认证方案 authen,认证模式为先进行 RADIUS 认证,后进行本地认证。

```
[Router] aaa
[Router - aaa] authentication - scheme authen
[Router - aaa - authen - authen] authentication - mode radius local
```

配置计费方案 abc,计费模式为 RADIUS。

```
[Router - aaa] accounting - scheme abc
[Router - aaa - accounting - abc] accounting - mode radius
```

③ 配置 huawei 域,绑定认证、计费模板、RADIUS 服务器;

```
[Router – aaa] domain huawei
[Router – aaa – domain – huawei] authentication - scheme authen
[Router – aaa – domain – huawei] accounting - scheme abc
[Router – aaa – domain – huawei] radius - server RS
```

④ 配置 huawei 域为全局默认域;

```
[Router] domain huawei
[Router] domain huawei admin
```

⑤ 配置本地认证。

```
[Router] aaa
[Router – aaa] local - user user1 password cipher Huawei@123
[Router – aaa] local - user user1 service - type http
[Router – aaa] local - user user1 privilege level 15
```

配置完成之后,Router 收到用户请求先转到 RADIUS 服务器,如果服务器没有响应,使用本地认证。实验中没有配置授权功能,因为华为路由器授权功能只能和 HWTACAS 服务器配合。另外请注意,路由器只能支持本地认证,不能支持本地计费。

8.3　GRE VPN 原理与配置

一些大型企业通常设有总部和分部,企业分部经常需要访问总部的公共资源,例如版本服务器,员工之间通信,企业内部网站等。如图 8.21 所示,企业总部、分支内部都使用的是私网 IP 地址,都需要通过因特网互相通信,用户使用的时候感觉不到因特网的存在,就像是在同一个私有局域网里面。

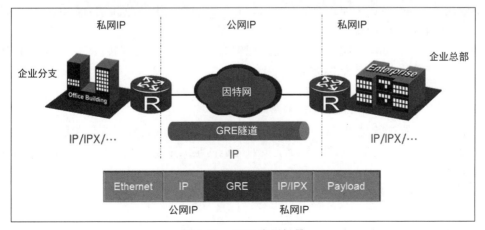

图 8.21　GRE 应用场景

GRE VPN(Generic Routing Encapsulation,通用路由封装协议;Virtual Private Network,虚拟私有网络)技术可以将企业报文进行封装,外面再套上一层公网IP地址,这样带有私网IP地址的报文可以在因特网上转发,到达目标之后再剥掉GRE外壳,还原成原始的IP报文。

GRE协议只负责封装外壳,不关注里面的内容,里面可以是IP、IPX或者其他类型的报文,还可以是单播、组播、广播报文。

如果IP报文里面封装的是GRE,IP头部的Protocol字段值是47,标识里面是GRE协议。

GRE协议结构如图8.22所示。

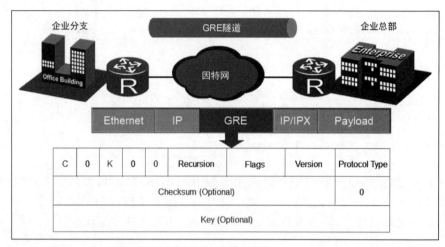

图 8.22　GRE 协议格式

C和Checksum配合使用,C=1,Checksum有效。

K和Key配合使用,K=1,Key有效。Key用来做双方认证,Key一致才会继续处理报文。

Recursion:标识GRE封装层数,封装一次值是1,最大不能超过3,超过会被丢弃。

Flags:置0,预留。

Version:置0。

Protocol Type:标识里面封装的是什么协议,常见的是IPv4,值是0x0800。

GRE配置如图8.23所示。

① 创建一个Tunnel隧道,可以把隧道理解为一个虚拟的物理接口,也配置一个IP地址40.1.1.1/24,这个IP地址实际上用不到;

② 定义隧道的类型是GRE,定义隧道的源IP地址和目标IP地址;

③ 配置一条静态路由,将相关流量发往隧道。

主机A发送报文给主机B,首先到达RTA,RTA查路由表发现应该走隧道,接着就会封装外层IP头,源IP地址、目标IP地址按照隧道的定义来填,通过隧道到达RTB之后,再解封装还原。

实际配置如图8.24所示。

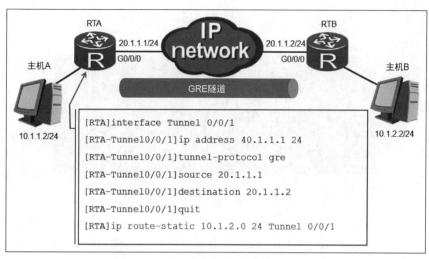

图 8.23　GRE 配置

```
[RTA]interface e0/0/0
[RTA-Ethernet0/0/0]ip add 10.1.1.1 24
[RTA-Ethernet0/0/0]interface g0/0/0
[RTA-GigabitEthernet0/0/0]ip add 20.1.1.1 24
[RTA-GigabitEthernet0/0/0]quit
[RTA]interface tunnel 0/0/1
[RTA-Tunnel0/0/1]ip address 40.1.1.1 24
[RTA-Tunnel0/0/1]tunnel-protocol gre
Info: Relevant configurations on this interface are deleted.
[RTA-Tunnel0/0/1]source 20.1.1.1
[RTA-Tunnel0/0/1]destination 20.1.1.2
[RTA-Tunnel0/0/1]quit
[RTA]ip route-static 10.1.2.0 24 tunnel 0/0/1
[RTA]
```

```
[RTB-Ethernet0/0/0]ip add 10.1.2.1 24
[RTB-Ethernet0/0/0]interface g0/0/0
[RTB-GigabitEthernet0/0/0]ip add 20.1.1.2 24
[RTB-GigabitEthernet0/0/0]quit
[RTB]interface tunnel 0/0/1
[RTB-Tunnel0/0/1]ip add 40.1.1.2 24
[RTB-Tunnel0/0/1]tunnel-protocol gre
Info: Relevant configurations on this interface are deleted.
[RTB-Tunnel0/0/1]source 20.1.1.2
[RTB-Tunnel0/0/1]destination 20.1.1.1
[RTB-Tunnel0/0/1]quit
[RTB]ip route-static 10.1.1.0 24 tunnel 0/0/1
[RTB] User interface con0 is available
```

图 8.24　GRE 上机配置

配置完成之后,主机 A 可以 ping 通主机 B,如图 8.25 所示。

```
基础配置    命令行    组播    UDP发包工具
Welcome to use PC Simulator!

PC>ping 10.1.2.2

Ping 10.1.2.2: 32 data bytes, Press Ctrl_C to break
From 10.1.2.2: bytes=32 seq=1 ttl=126 time=94 ms
From 10.1.2.2: bytes=32 seq=2 ttl=126 time=16 ms
From 10.1.2.2: bytes=32 seq=3 ttl=126 time=32 ms
From 10.1.2.2: bytes=32 seq=4 ttl=126 time=62 ms
From 10.1.2.2: bytes=32 seq=5 ttl=126 time=47 ms
```

图 8.25 主机 A ping 主机 B

可以在 RTA 和 RTB 之间抓包分析,如图 8.26 所示,报文有两个 IP 头,见图中上、下两个方框,两个 IP 头中间还有个 GRE 封装,见中间方框。上面的 IP 头是外层 IP 头部,是公网 IP 地址,下面的是私网 IP 头。

No.	Time	Source	Destination	Protocol	Info
1	0.000000	HuaweiTe_e3:77	Broadcast	ARP	Who has 20.1.1.2? Tell 20.1.1.1
2	0.016000	HuaweiTe_a8:18	HuaweiTe_e	ARP	20.1.1.2 is at 54:89:98:a8:18:c2
3	0.032000	10.1.1.2	10.1.2.2	ICMP	Echo (ping) request (id=0x357f, seq(be/le)=1/256, ttl=127)
4	0.063000	10.1.2.2	10.1.1.2	ICMP	Echo (ping) reply (id=0x357f, seq(be/le)=1/256, ttl=127)
5	1.094000	10.1.1.2	10.1.2.2	ICMP	Echo (ping) request (id=0x367f, seq(be/le)=2/512, ttl=127)
6	1.110000	10.1.2.2	10.1.1.2	ICMP	Echo (ping) reply (id=0x367f, seq(be/le)=2/512, ttl=127)
7	2.125000	10.1.1.2	10.1.2.2	ICMP	Echo (ping) request (id=0x387f, seq(be/le)=3/768, ttl=127)
8	2.141000	10.1.2.2	10.1.1.2	ICMP	Echo (ping) reply (id=0x387f, seq(be/le)=3/768, ttl=127)
9	3.172000	10.1.1.2	10.1.2.2	ICMP	Echo (ping) request (id=0x397f, seq(be/le)=4/1024, ttl=127)
10	3.204000	10.1.2.2	10.1.1.2	ICMP	Echo (ping) reply (id=0x397f, seq(be/le)=4/1024, ttl=127)
11	4.219000	10.1.1.2	10.1.2.2	ICMP	Echo (ping) request (id=0x3a7f, seq(be/le)=5/1280, ttl=127)
12	4.250000	10.1.2.2	10.1.1.2	ICMP	Echo (ping) reply (id=0x3a7f, seq(be/le)=5/1280, ttl=127)
13	1205.766600	HuaweiTe_a8:18	Broadcast	ARP	who has 20.1.1.2 Tell 20.1.1.2

```
⊞ Frame 5: 98 bytes on wire (784 bits), 98 bytes captured (784 bits)
⊞ Ethernet II, Src: HuaweiTe_e3:77:cf (54:89:98:e3:77:cf), Dst: HuaweiTe_a8:18:c2 (54:89:98:a8:18:c2)
⊞ Internet Protocol, Src: 20.1.1.1 (20.1.1.1), Dst: 20.1.1.2 (20.1.1.2)
  Generic Routing Encapsulation (IP)
⊞ Internet Protocol, Src: 10.1.1.2 (10.1.1.2), Dst: 10.1.2.2 (10.1.2.2)
⊞ Internet Control Message Protocol
```

图 8.26 GRE 抓包分析

GRE 报文没有经过加密,抓包可以看到私网报文的具体信息,如果需要增加安全性,还可以对 GRE 报文进行加密。如图 8.27 所示,可以在 GRE 隧道外面再套一层 IPSec 隧道,IPSec 有加密功能。8.4 节会具体介绍 IPSec。

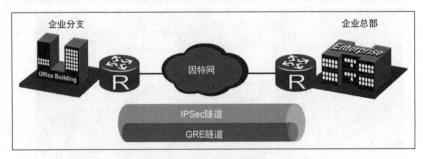

图 8.27 双层隧道

　　GRE 隧道没有确认机制,如果隧道故障,双方都感知不到,但是数据还会往对方发,形成数据空洞。GRE 使用 keepalive 进行实时探测,如果对端不可达,隧道连接就会及时关闭。如图 8.28 所示,双方定时交互 keepalive 报文。

No.	Time	Source	Destination	Protocol	Info
21	2125.20400	20.1.1.1	20.1.1.2	GRE	Encapsulated 0x0000 (unknown)
22	2125.21900	20.1.1.1	20.1.1.2	GRE	Encapsulated 0x0000 (unknown)
23	2129.45400	20.1.1.2	20.1.1.1	GRE	Encapsulated 0x0000 (unknown)
24	2129.46900	20.1.1.2	20.1.1.1	GRE	Encapsulated 0x0000 (unknown)
25	2130.70400	20.1.1.1	20.1.1.2	GRE	Encapsulated 0x0000 (unknown)
26	2130.73500	20.1.1.1	20.1.1.2	GRE	Encapsulated 0x0000 (unknown)
27	2134.82900	20.1.1.2	20.1.1.1	GRE	Encapsulated 0x0000 (unknown)
28	2134.84400	20.1.1.2	20.1.1.1	GRE	Encapsulated 0x0000 (unknown)

```
⊞ Frame 25: 62 bytes on wire (496 bits), 62 bytes captured (496 bits)
⊞ Ethernet II, Src: HuaweiTe_a8:18:c2 (54:89:98:a8:18:c2), Dst: HuaweiTe_e3:77:cf (54:89:98:e3:77:cf)
⊞ Internet Protocol, Src: 20.1.1.2 (20.1.1.2), Dst: 20.1.1.1 (20.1.1.1)
⊞ Generic Routing Encapsulation (IP)
⊞ Internet Protocol, Src: 20.1.1.1 (20.1.1.1), Dst: 20.1.1.2 (20.1.1.2)
⊞ Generic Routing Encapsulation (0x0000 - unknown)
```

图 8.28　Keepalive 交互

默认情况下 keepalive 是关闭的,可以通过命令开启:

[RTA-Tunnel0/0/1]keepalive

可以通过命令查看 GRE 隧道的具体信息,如图 8.29 所示。

```
[RTA]display interface tunnel 0/0/1
Tunnel0/0/1 current state : UP
Line protocol current state : UP
Last line protocol up time : 2020-04-15 11:24:57 UTC-08:00
Description:
Route Port,The Maximum Transmit Unit is 1500
Internet Address is 40.1.1.1/24
Encapsulation is TUNNEL, loopback not set
Tunnel source 20.1.1.1 (GigabitEthernet0/0/0), destination 20.1.1.2
Tunnel protocol/transport GRE/IP, key disabled
keepalive enable period 5 retry-times 3
Checksumming of packets disabled
Current system time: 2020-04-15 12:10:54-08:00
    300 seconds input rate 0 bits/sec, 0 packets/sec
    300 seconds output rate 64 bits/sec, 0 packets/sec
    0 seconds input rate 0 bits/sec, 0 packets/sec
    0 seconds output rate 0 bits/sec, 0 packets/sec
    5 packets input,  420 bytes
    0 input error
    89 packets output,  4452 bytes
    0 output error
    Input:
      Unicast: 0 packets, Multicast: 0 packets
    Output:
      Unicast: 5 packets, Multicast: 0 packets
    Input bandwidth utilization  : --
    Output bandwidth utilization : --
```

图 8.29　查看隧道状态

在路由器里面,会有特殊路由条目,下一跳是隧道编号,如图 8.30 所示。

```
[RTA]display ip routing-table
Route Flags: R - relay, D - download to fib
----------------------------------------------------------------------
Routing Tables: Public
         Destinations : 9        Routes : 9

Destination/Mask    Proto   Pre  Cost        Flags NextHop         Interface

       10.1.1.0/24  Direct  0    0           D     10.1.1.1        Ethernet0/0/0
       10.1.1.1/32  Direct  0    0           D     127.0.0.1       Ethernet0/0/0
       10.1.2.0/24  Static  60   0           D     40.1.1.1        Tunnel0/0/1
```

图 8.30　RTA 路由表

GRE VPN 技术配置简单,是一个点到点的隧道 VPN,可以支持多种异构载客协议,还可以支持组播报文承载。

8.4　IPSec VPN 原理与配置

TCP/IP 自身没有安全认证和保密机制。IPSec(Internet Protocol Security)可以用来保证 IP 报文在网络上传输的机密性、完整性,还可以防重放。如图 8.31 所示,网络安全主要涉及三方面内容。

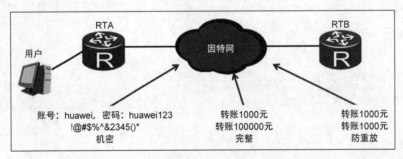

图 8.31　网络安全

机密性:指的是数据加密,例如账号/密码经过加密后,黑客无法直接读取。

完整性:指的是数据篡改,用户向银行请求转账 1000,黑客把数字修改成 10000 之后,接收端可以识别出来。普通的 TCP/IP 也可以用校验和判断报文是否异常,但是校验和算法是公开的,黑客完全可以重新计算校验和,因此普通的 TCP/IP 校验只能防网络差错,不能防黑客。

防重放:指的是报文收到不止 1 份,如何判断其他份是伪造的,例如用户请求银行转账 1000 元,黑客将报文截取,然后再发一遍,对端可以识别出来第二个报文是伪造的。

IPSec 的应用场景和 GRE 类似,也是通过隧道技术提供 VPN 功能。如图 8.32 所示,IPSec 除了可以提供企业总部和分支互联之外,还能保证数据的安全和机密。

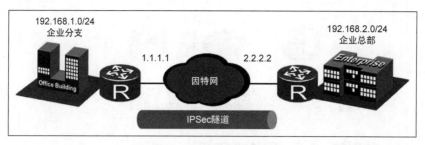

图 8.32 IPSec 应用场景

IPSec 协议所处的位置如图 8.33 所示,IPSec 封装在 IP 报文里面。

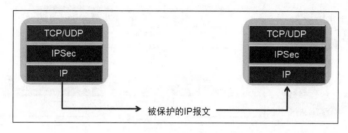

图 8.33 IPSec 协议位置

IPSec 有两个模块,分别是 AH(IP 协议号 51)、ESP(IP 协议号 50):

AH:Authentication Header 身份认证头,实现完整性校验与防报文重放功能,但是不能加密。

ESP:Encapsulating Security Payload 封装安全负载,实现完整性校验、防报文重放及加密功能。

IPSec 有两种不同的工作模式,分别是传输模式、隧道模式。

传输模式:只有一个 IP 头,用来实现数据加密、完整性验证、防重放等功能。如图 8.34 所示,AH 和 ESP 互相独立工作,可以单独使用 AH,也可以单独使用 ESP,还可以是 AH+ESP 模式。

AH 可以对整个 IP 报文进行认证,包括 IP 头。ESP 可以对数据进行加密和认证,但是认证部分不包括 IP 头。

AH 和 ESP 各有优点和缺点:

AH 的优点是认证的范围比较大,包括了 IP 头,缺点是不能提供加密;

ESP 的优点是可以提供加密,缺点是认证范围较小;

使用 AH+ESP 模式,不仅可以对数据进行加密,还可以保护完整的 IP 报文,缺点是开销较大。

实际应用中根据实际需求进行选择,对特别重要的数据可以使用 AH+ESP 模式。

隧道模式:有两个 IP 头,用来提供总部和分支之间的 VPN 隧道,同时还可以实现数据加密、完整性验证、防重放等功能。如图 8.35 所示,隧道模式中,AH 不对外层 IP 头做认证。

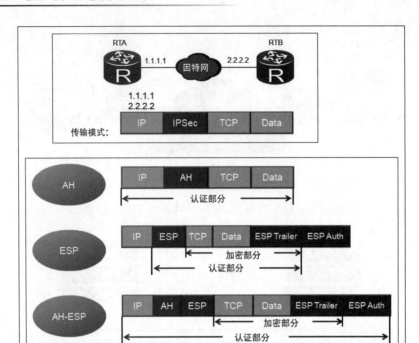

图 8.34 传输模式

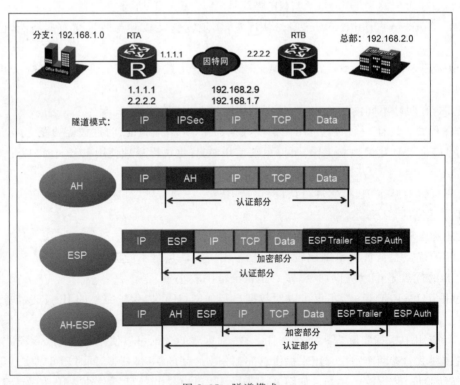

图 8.35 隧道模式

　　GRE 可以和 IPSec 的传输模式配合使用,给数据提供安全性和机密性,也可以直接使用隧道模式提供 VPN。但是 IPSec 有个局限:只能封装单播报文,不能封装组播、广播报文。

　　IPSec 隧道需要配置以下参数,如图 8.36 所示。

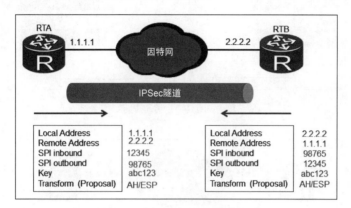

图 8.36　IPSec 隧道配置参数

　　Local Address、Remote Address:隧道两端的 IP,路由器以自己的 IP 地址为起始地址。

　　SPI(Security Parameter Index,安全参数索引):分收发两个方向,隧道两端的配置必须匹配,每个 IPSec 隧道的 SPI 必须取不同值并确保唯一性,可以理解为隧道匹配口令。

　　Key:密钥,用来做加密和认证计算。

　　Transform:隧道使用的协议,可以是 AH、ESP、AH+ESP。

　　SPI、目标 IP、Transform 的组合也叫 SA(Security Association,安全关联),隧道两端的安全关联必须完全匹配。

　　SA 的建立有两种方式,分别是手动方式和 IKE(Internet Key Exchange,互联网密钥交换)方式。

　　手动方式:所有参数都用命令指定,当对等体设备数量较少时,或是在小型静态环境中,可以用手动方式。

　　IKE 方式:由 IKE 协议动态协商 Key 和 SPI 等参数,适用于中、大型动态网络环境。

　　IKE 不是在网络上直接传送密钥,而是通过一系列数据的交换,最终计算出双方共享的密钥;而且即使第三者截获了双方用于计算密钥的所有交换数据,也不足以计算出真正的密钥。

　　IKE 使用 Diffie-Hellman 算法,这是一种公共密钥算法。通信双方在不传送密钥的情况下通过交换一些数据,计算出共享的密钥。计算复杂度非常高,几乎无法破解。

　　IKE 是基于 UDP 的应用层协议,是 IPSec 的信令协议,如图 8.37 所示。

　　因此 IPSec 实际上包括 3 个部分:AH、ESP、IKE。

　　IPSec 实验演示:

　　为确保实验成功,请使用 eNSP 模拟器的 AR3260 路由器作做实验,拓扑如图 8.38 所示。

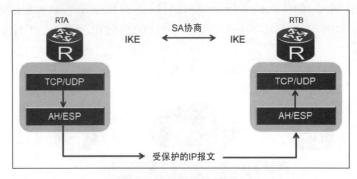

图 8.37　IKE 协议位置

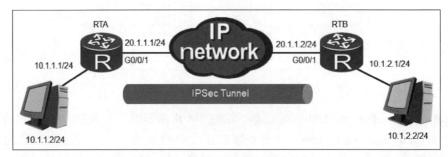

图 8.38　IPSec 实验拓扑

步骤 1：如图 8.39 所示，配置路由器接口 IP 地址，并配置静态路由。PC 配置 IP 地址、子网掩码和网关。

```
[RTA]interface g0/0/1
[RTA-GigabitEthernet0/0/1]ip add 20.1.1.1 24
[RTA-GigabitEthernet0/0/1]interface e0/0/0
[RTA-Ethernet0/0/0]ip add 10.1.1.1 24
[RTA-Ethernet0/0/0]quit
[RTA]ip route-static 10.1.2.0 24 20.1.1.2

[RTB]interface g0/0/1
[RTB-GigabitEthernet0/0/1]ip add 20.1.1.2 24
[RTB-GigabitEthernet0/0/1]interface e0/0/0
[RTB-Ethernet0/0/0]ip add 10.1.2.1 24
[RTB-Ethernet0/0/0]quit
[RTB]ip route-static 10.1.1.0 24 20.1.1.1
```

图 8.39　基础 IP 配置

步骤 2：如图 8.40 所示，配置 ACL 以及安全方案。只有和 ACL 匹配的报文才会做 IPSec 封装，transform 后面可以跟 AH、ESP、AH-ESP，这里选 ESP。封装模式是 tunnel 隧道模式，还可以选择 transport 传输模式。认证的算法用 MD5，encryption 加密算法也可以定义。

步骤 3：如图 8.41 所示，配置 IPSec policy 模板，policy p1 10，p1 是这个 policy 的名字，

```
[RTA]acl 3001
[RTA-acl-adv-3001]rule 5 permit ip source 10.1.1.0 0.0.0.255 destination 10.1.2.0 0.0.0.255
[RTA-acl-adv-3001]quit
[RTA]ipsec proposal aa
[RTA-ipsec-proposal-aa]transform esp
[RTA-ipsec-proposal-aa]encapsulation-mode tunnel
[RTA-ipsec-proposal-aa]esp authentication-algorithm md5
[RTA-ipsec-proposal-aa]quit
[RTA]display ipsec proposal

Number of proposals: 1

IPSec proposal name: aa
 Encapsulation mode: Tunnel
 Transform          : esp-new
 ESP protocol       : Authentication MD5-HMAC-96
                      Encryption     DES
```

```
[RTB]acl 3001
[RTB-acl-adv-3001]rule 5 permit ip source 10.1.2.0 0.0.0.255 destination 10.1.1.0 0.0.0.255
[RTB-acl-adv-3001]quit
[RTB]ipsec proposal bb
[RTB-ipsec-proposal-bb]transform esp
[RTB-ipsec-proposal-bb]encapsulation-mode tunnel
[RTB-ipsec-proposal-bb]esp authentication-algorithm md5
[RTB-ipsec-proposal-bb]quit
```

图 8.40　配置 ACL 及安全方案

10 是 policy 的 ID。这里使用 manual 手动模式，在里面指定 ACL、安全方案、隧道两端的
IP、出入两个方向的 SPI、出入两个方向的 Key。

```
[RTA]ipsec policy p1 10 ?
  isakmp  Indicates use IKE to establish the IPSec SA
  manual  Indicates use manual to establish the IPSec SA
  <cr>

[RTA]ipsec policy p1 10 manual
[RTA-ipsec-policy-manual-p1-10]security acl 3001
[RTA-ipsec-policy-manual-p1-10]proposal aa
[RTA-ipsec-policy-manual-p1-10]tunnel remote 20.1.1.2
[RTA-ipsec-policy-manual-p1-10]tunnel local 20.1.1.1
[RTA-ipsec-policy-manual-p1-10]sa spi outbound esp 54321
[RTA-ipsec-policy-manual-p1-10]sa spi inbound esp 12345
[RTA-ipsec-policy-manual-p1-10]sa string-key outbound esp simple huawei
[RTA-ipsec-policy-manual-p1-10]sa string-key inbound esp simple huawei
[RTA-ipsec-policy-manual-p1-10]quit
```

```
[RTB]ipsec policy p1 10 manual
[RTB-ipsec-policy-manual-p1-10]security acl 3001
[RTB-ipsec-policy-manual-p1-10]proposal bb
[RTB-ipsec-policy-manual-p1-10]tunnel remote 20.1.1.1
[RTB-ipsec-policy-manual-p1-10]tunnel local 20.1.1.2
[RTB-ipsec-policy-manual-p1-10]sa spi outbound esp 12345
[RTB-ipsec-policy-manual-p1-10]sa spi inbound esp 54321
[RTB-ipsec-policy-manual-p1-10]sa string-key outbound esp simple huawei
[RTB-ipsec-policy-manual-p1-10]sa string-key inbound esp simple huawei
[RTB-ipsec-policy-manual-p1-10]quit
```

图 8.41　配置 IPSec policy 模板

还可以选择 IKE 方式。如果是 IKE 方式，SPI、Key 都不需要指定，IKE 自动协商。

步骤 4：绑定 policy 模板到接口上，如图 8.42 所示。

```
[RTA]interface g0/0/1
[RTA-GigabitEthernet0/0/1]ipsec policy p1
[RTA-GigabitEthernet0/0/1]quit
```

```
[RTB]interface g0/0/1
[RTB-GigabitEthernet0/0/1]ipsec policy p1
[RTB-GigabitEthernet0/0/1]quit
```

图 8.42　绑定 Policy 模板到接口

步骤 5：验证实验结果，左边的主机 ping 右边的主机，可以正常 ping 通，如图 8.43 所示。

```
基础配置    命令行    组播    UDP发包工具

PC>ping 10.1.2.2

Ping 10.1.2.2: 32 data bytes, Press Ctrl_C to break
From 10.1.2.2: bytes=32 seq=1 ttl=127 time=16 ms
From 10.1.2.2: bytes=32 seq=2 ttl=127 time=15 ms
From 10.1.2.2: bytes=32 seq=3 ttl=127 time=16 ms
From 10.1.2.2: bytes=32 seq=4 ttl=127 time=16 ms
From 10.1.2.2: bytes=32 seq=5 ttl=127 time=31 ms

--- 10.1.2.2 ping statistics ---
  5 packet(s) transmitted
  5 packet(s) received
  0.00% packet loss
  round-trip min/avg/max = 15/18/31 ms
```

图 8.43　实验验证

主机 ping 之前在 RTA 和 RTB 之间启动抓包，如图 8.44 所示，抓包可以看到外层的 IP 头部，但是内层 IP 头以及其他的内容无法看到，因为被加密了。

No.	Time	Source	Destination	Protocol	Info
1	0.000000	HuaweiTe_3a:1f	Broadcast	ARP	who has 20.1.1.2?　Tell 20.1.1.1
2	0.016000	HuaweiTe_31:36	HuaweiTe_3:	ARP	20.1.1.2 is at 00:e0:fc:31:36:e2
3	2.000000	20.1.1.1	20.1.1.2	ESP	ESP (SPI=0x0000d431)
4	4.000000	20.1.1.1	20.1.1.2	ESP	ESP (SPI=0x0000d431)
5	4.016000	20.1.1.2	20.1.1.1	ESP	ESP (SPI=0x00003039)
6	5.016000	20.1.1.1	20.1.1.2	ESP	ESP (SPI=0x0000d431)
7	5.032000	20.1.1.2	20.1.1.1	ESP	ESP (SPI=0x00003039)

```
⊞ Frame 5: 142 bytes on wire (1136 bits), 142 bytes captured (1136 bits)
⊞ Ethernet II, Src: HuaweiTe_31:36:e2 (00:e0:fc:31:36:e2), Dst: HuaweiTe_3a:1f:34 (00:e0:fc:3a:1f:34)
⊞ Internet Protocol, Src: 20.1.1.2 (20.1.1.2), Dst: 20.1.1.1 (20.1.1.1)
⊟ Encapsulating Security Payload
     ESP SPI: 0x00003039
     ESP Sequence: 16777216
```

图 8.44　抓包分析

配置步骤总结，如图 8.45 所示。

本章介绍了 ACL、AAA、GRE VPN 和 IPSec VPN 等 4 个内容，其中 ACL 用来识别流量，可以在接口上绑定 ACL 直接控制报文转发还是丢弃，也可以用来筛选流量和其他协议

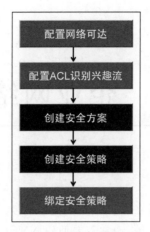

图 8.45　IPSec 配置步骤

配合工作,例如 IPSec policy 就使用 ACL 来筛选指定流量。

　　AAA 用来做认证、授权和计费,企业应用中通常不使用计费功能,运营商较多用到计费功能。如果要使用授权、计费,还需要专门的 AAA 服务器配合,路由器设备自身只支持认证功能。

　　GRE VPN 可以封装组播报文,但是不带加密功能,可以和 IPSec 传输模式配合使用,保证数据的安全。IPSec 可以对数据加密、防篡改、防重放,包括 3 个模块,分别是 AH、ESP 和 IKE。

第9章

企业网络管理

随着企业的发展,企业网络设备不仅数量多而且种类也多,除了路由器、交换机这些常用设备之外,还有防火墙、WLAN 等,通常需要使用 NMS(Network Management Server,网络管理服务器)来统一管理设备,提高工作效率。

本章包括 2 节内容,9.1 节介绍网络设备和 NMS 之间使用的协议;9.2 节介绍华为网络设备管理服务器 eSight。

9.1 SNMP 原理与配置

SNMP(Simple Network Management Protocol,简单网络管理协议)是网络设备和 NMS 之间的通信协议。可以实现对不同种类和不同厂商的网络设备进行统一管理。

如图 9.1 所示,NMS 统一管理网络中的各个设备,管理内容包括下发配置、查询状态、上报告警等。

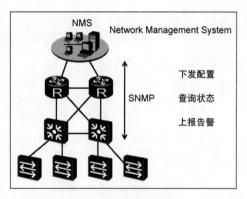

图 9.1 网络管理拓扑

SNMP 是基于 UDP 的应用层协议,如图 9.2 所示,使用端口号 162、161。被管理的设备有两个模块:一个是 Agent,实际上就是一个运行在设备上的程序,用于和 NMS 通信;另一个是 MIB(Management Information Base)数据库,Agent 将 NMS 下发的参数配置修改到 MIB 库,设备工作的所有参数都放在 MIB 库里面。

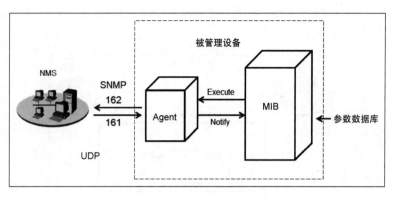

图 9.2 SNMP 工作原理

SNMP 有 3 个版本,如图 9.3 所示。

版本	描述
SNMPv1	逐个读取参数,错误类型简单
SNMPv2c	批量读取参数,错误返回码更丰富
SNMPv3	在历史版本基础上对报文交互进行加密

图 9.3 SNMP 的 3 个版本

SNMPv1 这是第一个 SNMP 版本,工作过程如图 9.4 所示,参数逐个读取,NMS 设置参数的时候,设备有 Response 回应,但是设备发送 Trap 报告时,NMS 不用回应。

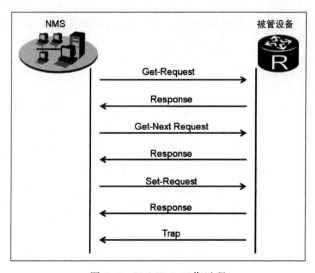

图 9.4 SNMPv1 工作过程

SNMPv2c 工作过程如图 9.5 所示，批量读取参数，设备上报 Trap 时，NMS 需要发确认。

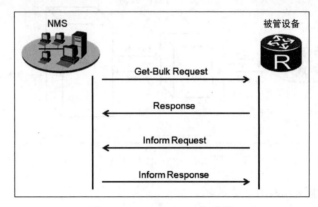

图 9.5　SNMPv2c 工作过程

SNMPv3 工作过程如图 9.6 所示，NMS 和设备之间的报文被加密。

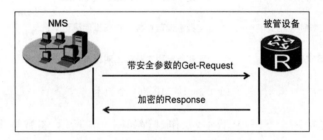

图 9.6　SNMPv3 工作过程

华为设备默认情况下同时支持 SNMPv1、SNMPv2c、SNMPv3，SNMPv2c 用得比较多。

9.2　eSight 简介

eSight 是华为面向企业市场推出的新一代网络运维管理系统，它能够支持多种设备的管理，也能支持多厂商设备的管理，极大地提升了网络管理的效率。

如图 9.7 所示，eSight 是面向企业有线/无线园区、企业分支网络、数据中心网络的运维管理系统，能够实现对企业资源、业务、用户的统一管理以及智能联动。

资源管理指的是网络设备的管理，包括参数配置、状态查询、告警上报处理等。

业务管理指的是自动下发业务。一些复杂的功能不需要手动逐个输入命令，提高了效率。

用户管理指的是用户账号密码配置、权限分配、操作记录等。

除了以上功能，eSight 还可以创建专门的任务监控网络状态，实现的原理是定时从NMS 下发指令到指定设备上查询指定参数，然后形成动态的网络质量检测和分析结果。

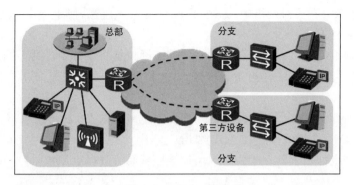

图 9.7　eSight 应用

eSight 还可以通过数据中心 nCenter 组件实现对数据中心虚拟机网络的管理。
eSight 的功能如图 9.8 所示。

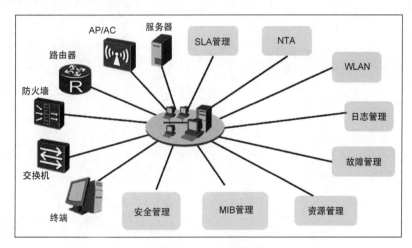

图 9.8　eSight 功能图

eSight 能够管理多厂商设备,监控、分析并管理网络中的各种服务和网元。例如:

① SLA 组件提供了网络性能度量与诊断功能,用户通过创建 SLA 任务可以周期性地
监控网络的时延、丢包、抖动情况,并根据 SLA 服务中提供的服务来计算出当前网络的符合
度情况;

② NTA 组件提供了一种便捷、经济的网络流量分析方法,能够深入分析网络中的流量
数据并提供详细的流量分析报告;

③ WLAN 组件提供了有线无线一体化的解决方案,实现了有线网络和无线网络的融
合管理;

④ 日志管理组件是华为面向行业用户推出的统一日志管理系统,实现对华为安全产品
的全面日志分析和安全审计等功能,具有高集成度、高可靠性等特点;

⑤ 故障管理组件可以通过告警实时浏览、告警操作、告警规则设定(屏蔽规则、声音设

定)、告警远程通知等手段对网络中的异常情况进行实时监视,便于网络管理员及时采取措施,恢复网络正常运行;

⑥ 资源管理组件可以根据资源在网络中的实际位置将设备划分到不同的子网,对设备进行分组,对同一组中的设备进行批量操作,并允许管理员配置和查询资源信息(包括系统、整机、单板、子卡和端口);

⑦ MIB 管理组件用于读取、编辑、储存及使用 MIB 文件,eSight 可以通过 SNMPv1、SNMPv2c 或 SNMPv3 读取和监控 MIB 数据;

⑧ 安全管理组件用于管理华为防火墙或统一威胁管理(UTM)环境所布放设备上的大量安全策略。

各厂家的网络设备都遵循标准 SNMP,除了 SNMP 外,设备的 MIB 数据库也是标准格式,因此 eSight 也可以管理其他厂家的设备。

eSight 功能齐全,可以统一管理多厂家、多类型设备,实现各种网络管理功能,满足企业统一管理网络的需求。

第 10 章

IPv6 原理及应用

随着网络的迅猛发展,各种各样的设备都需要 IP 地址。如图 10.1 所示,IPv4 地址只有 4B,理论上可以提供的地址数量是 43 亿,但是由于地址分配机制等原因,实际可使用的数量还远远达不到 43 亿。

版本	长度	地址数量
IPv4	32 b	4,294,967,296
IPv6	128 b	340,282,366,920,938,463,374,607,431,768,211,456

图 10.1　IP 地址数量

为了弥补 IP 不足问题,后出现过几种解决方案,例如 CIDR 和 NAT(Network Address Transaction,网络地址转换),这些技术虽然能够暂时缓解 IP 不足问题,但是也存在不少限制。

IPv6 才能彻底解决 IP 不足问题,IPv6 的地址总共 128b,可用的 IP 地址数量极其庞大,有人比喻说,可以给世界上每一粒沙子分配 IPv6 的地址。

本章介绍 IPv6 基本原理,以及 IPv6 的两个应用,分别是 IPv6 版 OSPF 和 DHCP。

10.1　IPv6 基础

如图 10.2 所示,IPv6 也是封装在以太网帧里面,TYPE 值是 0x86dd 表示里面是 IPv6 报文。

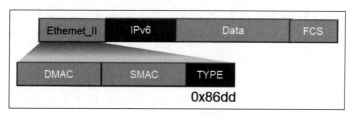

图 10.2　IPv6 帧结构

IPv6 报文结构如图 10.3 所示。

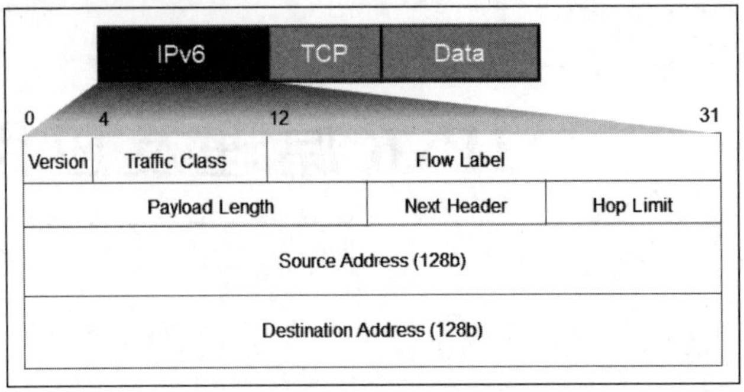

图 10.3　IPv6 报文结构

Version：版本号,长度为 4b。对于 IPv6,该值为 6。

Traffic Class：流类别,长度为 8b,表示 IPv6 数据报的类或优先级,主要应用于 QoS。

Flow Label：流标签,长度为 20b,用于区分数据流。流可以理解为特定应用或进程的来自某一源地址发往一个或多个目标地址的连续单播、组播或任播报文。IPv6 中的流标签字段、源地址字段和目标地址字段这 3 个信息标识一个唯一的数据流,同一个数据流的转发路径一样,报文在网络转发中保持原有的先后顺序,不会乱序,提高处理效率。

Payload Length：有效载荷长度,长度为 16b,指紧跟 IPv6 报头的数据报的长度。

Next Header：下一个报头,长度为 8b。该字段定义了紧跟在 IPv6 报头后面的第一个扩展报头(如果存在)的类型。

Hop Limit：长度为 8bit,该字段类似于 IPv4 报头中的 TTL(Time to Live)字段,它定义了 IP 数据报所能经过的最大跳数。每经过一个路由器,该数值减去 1;当该字段的值为 0 时,数据报将被丢弃。

Source Address：源地址,长度为 128b,表示发送方的地址。

Destination Address：目的地址,长度为 128b,表示接收方的地址。

IPv6 数据包分析如图 10.4 所示。

IPv4 报文有分片信息,IPv6 也有这个信息,如果出现分片,需要用扩展报头来标识,如图 10.5 所示。

一个 IPv6 报文可以包含 0 个、1 个或多个扩展报头,扩展报头有以下几种,而且先后顺序必须按照以下顺序:IPv6 基本报头、逐跳选项扩展报头、目的选项扩展报头、路由扩展报头、分片扩展报头、认证扩展报头、封装安全有效载荷扩展报头、目的选项扩展报头、上层协议数据报文。

携带分片扩展报头的 IPv6 报文如图 10.6 所示。

IPv6 地址长度为 128b,每 16b 划分为一段,总共 8 段,每段由 4 个十六进制数表示,用冒号隔开,如图 10.7 所示。

IPv6 地址在书写或者设备上显示的时候可以进行压缩,压缩规则如下:

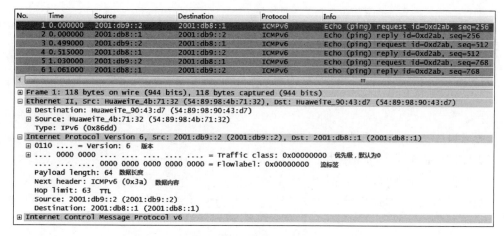

图 10.4　IPv6 抓包分析

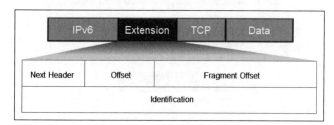

图 10.5　IPv6 分片扩展头结构

No.	Time	Source	Destination	Protocol	Info
9	2.059000	2001:db9::2	2001:db8::1	ICMPv6	Echo (ping) request id=0xd2ab, seq=1280
10	2.059000	2001:db8::1	2001:db9::2	ICMPv6	Echo (ping) reply id=0xd2ab, seq=1280
11	90.106000	2001:db9::2	2001:db8::1	IPv6	IPv6 fragment (nxt=ICMPv6 (0x3a) off=0 id=0x1)
12	90.106000	2001:db9::2	2001:db8::1	ICMPv6	Echo (ping) request id=0xd4ab, seq=256
13	90.106000	2001:db8::1	2001:db9::2	IPv6	IPv6 fragment (nxt=ICMPv6 (0x3a) off=0 id=0x1)
14	90.106000	2001:db8::1	2001:db9::2	ICMPv6	Echo (ping) reply id=0xd4ab, seq=256

```
⊟ Ethernet II, Src: HuaweiTe_4b:71:32 (54:89:98:4b:71:32), Dst: HuaweiTe_90:43:d7 (54:89:98:90:43:d7)
  ⊞ Destination: HuaweiTe_90:43:d7 (54:89:98:90:43:d7)
  ⊞ Source: HuaweiTe_4b:71:32 (54:89:98:4b:71:32)
    Type: IPv6 (0x86dd)
⊟ Internet Protocol Version 6, Src: 2001:db9::2 (2001:db9::2), Dst: 2001:db8::1 (2001:db8::1)
  ⊞ 0110 .... = Version: 6
  ⊞ .... 0000 0000 .... .... .... .... .... = Traffic class: 0x00000000
    .... .... .... 0000 0000 0000 0000 0000 = Flowlabel: 0x00000000
    Payload length: 568
    Next header: IPv6 fragment (0x2c)
    Hop limit: 63
    Source: 2001:db9::2 (2001:db9::2)
    Destination: 2001:db8::1 (2001:db8::1)
  ⊟ Fragmentation Header
      Next header: ICMPv6 (0x3a)
      0000 0101 1010 1... = Offset: 181 (0x00b5)
      .... .... .... ...0 = More Fragment: No
      Identification: 0x00000001
    ⊞ [IPv6 Fragments (2008 bytes): #11(1448), #12(560)]
⊞ Internet Control Message Protocol v6
```

图 10.6　IPv6 分片扩展报头

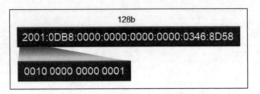

图 10.7   IPv6 地址格式

① 一段数字中,以 0 开头的把 0 省略,例如:0D80 → D80;

② 一段数字全是 0 的压缩为一个 0,例如:0000 → 0;

③ 多段连续全 0 的,压缩为双冒号::。

如图 10.8 所示,只能出现一次双冒号::,头尾总共 4 段,另外 4 段用 0 填充就可以还原 IPv6 地址。

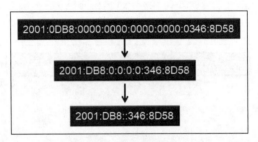

图 10.8   IPv6 地址压缩

IPv4 地址可以分为 3 种,分别是:单播、组播、广播,而 IPv6 的地址有两种,分别是单播和组播,广播地址包括在组播地址里面。如图 10.9 所示,IPv6 地址有以下这些分类。

地址范围	描述
2000::/3	全球单播地址
2001:0DB8::/32	保留地址
FE80::/10	链路本地地址
FEC0::/10	本地站点地址
FF00::/8	组播地址
::/128	未指定地址
::1/128	环回地址
0:0:0:0:0:0::/96	IPv4兼容地址

图 10.9   IPv6 地址分类

2000::/3：全球单播地址，相当于 IPv4 公网 IP 地址，如图 10.10 所示。

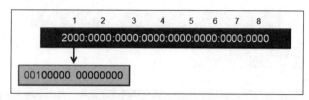

图 10.10　全球单播地址格式

全球单播地址目前又分两种，一种是目前实际用于 IPv6 因特网运作的前缀 2001::/16，另外一种是 IPv4 向 IPv6 过渡用的 2002::/16。网络中有很多运行 IPv4 的设备，IPv4 向 IPv6 有一个过渡机制，2002::/16 就是用于这个场景。

全球单播地址格式如图 10.11 所示，前 48b 是全球路由前缀，不同国家有不同的前缀，紧跟的 16b 是子网 ID，最后 64b 是接口 ID。前 64b 相当于 IPv4 的子网掩码，后 64b 相当于 IPv4 的主机号。接口 ID 后面再专门介绍如何填写。

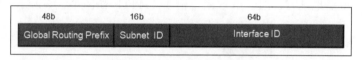

图 10.11　全球单播地址结构

2001:0DB8::/32：保留地址，暂时未使用。

FE80::/10：链路本地地址。实际应用中，一个物理接口可以配置多个 IPv6 地址，路由器转发报文的时候就有可能出现多个下一跳。如果路由器使用本地链路地址作为下一跳，则只能在本地链路使用，不能在子网间路由，例如：FE80::/10 这个地址不能作为路由表的目标网段，如图 10.12 所示。

图 10.12　链路本地地址

链路本地地址格式如图 10.13 所示，左边 10b 取固定值 11111110 10，接着的 54b 全 0，最后 64b 是接口 ID。

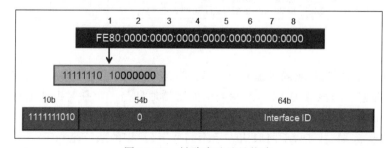

图 10.13　链路本地地址格式

FEC0::/10：本地站点地址，类似于 IPv4 的私网地址。如图 10.14 所示，最左边 10b 取固定值 11111110 11，接着的 54b 是私网地址网络号，最后 64b 是接口 ID。

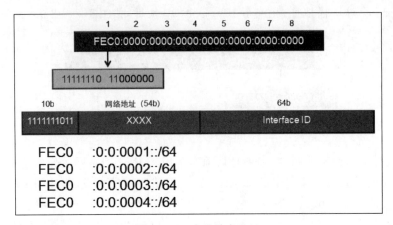

图 10.14　本地站点地址

FEC0:0:0:0001::/64 类似于 IPv4 的 192.168.1.0/24。

FF00::/8：组播地址，最左边 8b 取固定值 11111111，如图 10.15 所示。

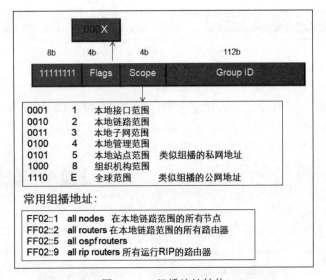

图 10.15　组播地址结构

Flags：共 4b，左边 3b 取固定值 000，右边 1b 取 0 表示当前的组播地址是由 IANA 分配的一个永久地址；当该值为 1 时，表示当前的组播地址是一个临时组播地址（非永久分配地址）。

Scope：组播范围，共 4b，不同取值表示不同范围，常用的取值是 0010，例如：

① FF02::1：本地链路内的所有节点，类似于 192.168.1.255，用于子网内广播；

② FF02::2：本地链路内的所有路由器；

③ FF02::5：本地链路内的所有 OSPF 路由器，类似于 224.0.0.5。

广播地址包含在组播地址内,属于组播的一种。

::/128:未指定地址,0:0:0:0:0:0:0:0,用于路由表的默认路由。

::1/128:环回地址,0:0:0:0:0:0:0:1,相当于 IPv4 的 127.0.0.1,表示节点自己。

0:0:0:0:0:0::/96:IPv4 兼容地址,前 96b 置 0,后 32b 用 IPv4 的地址,可以和 IPv4 地址兼容。

被请求节点组播地址:如图 10.16 所示,主机 A 想获得主机 B 的 MAC 地址,主机 B 称为被请求节点,IPv4 用 ARP 协议发送广播报文来获得主机 B 的 MAC。

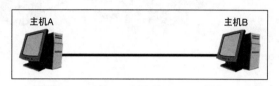

图 10.16 被请求节点组播

IPv6 中,主机 A 发的请求报文用的是组播 IP,这个组播 IP 不是 FF02::1,而是一个特殊的组播 IP,称为被请求节点组播 IP,该组播 IP 跟主机 B 的 IP 地址有关。

被请求节点组播 IP 的前 104b 取固定值:FF02::1:FFxx:xxxx/104,后 24b 用目标 IP 地址的后 24b 填充,如图 10.17 所示。

被请求节点组播 MAC 地址由组播 IP 计算得来,组播 MAC 地址的前 16 位固定为 0x3333,将组播 IPv6 地址的后 32 位直接映射到组播 MAC 地址的后 32 位,如图 10.18 所示。

例如: 目标IPv6地址---2001::1234:5678/64
被请求节点组播地址---FF02::1:FF34:5678/104

图 10.17 被请求节点组播 IP 计算

IPv6组播地址---FF02::1:FF34:5678/104
对应的组播MAC地址为---3333:FF34:5678

图 10.18 被请求节点组播 MAC 计算

IPv6 任播地址:如图 10.19 所示,2001:0DB8::84C2 是一个任播地址,多个服务器可以使用同一个地址,这样就可以提供服务负载分担、冗余的功能。用户访问服务时选择路由最近的节点访问。

IPv6 任播地址与单播地址位于同一个地址范围内,与单播地址有相同的格式,需要在路由器上使用明确的配置指明该地址是一个任播地址。路由器控制报文的转发。

主机的 IPv6 地址有两种获得途径,一种是手动配置,如图 10.20 所示。

另外一种是自动获取,类似 IPv4 的 DHCP 分配,但是 IPv6 中不是通过 DHCP,而是通过 ICMP 来获得。

如图 10.21 所示,路由器定期发送 RA(Router Advertisement,路由器通告),ICMP 的 Type 值取 134,源 IP 地址是本地链路地址,目标 IP 地址是本地链路广播地址 FF02::1,Data 里面的 Prefix 就是 IP 地址前缀,后缀指的是接口 ID,这个 ID 通常由 MAC 地址计算得来。

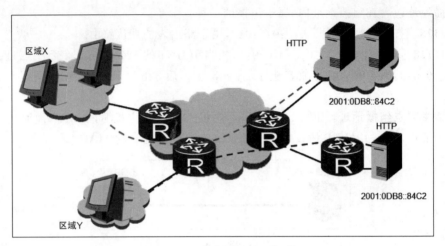

图 10.19　任播地址应用场景

```
[RTA]ipv6
[RTA]interface GigabitEthernet 0/0/0
[RTA-GigabitEthernet 0/0/0]ipv6 enable
[RTA-GigabitEthernet 0/0/0]ipv6 address 2001:db8::1 64
```

图 10.20　手动配置 IPv6 地址

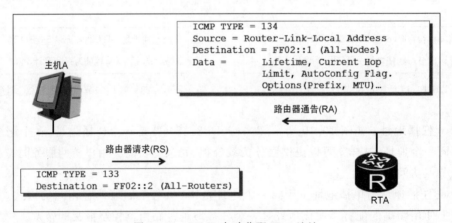

图 10.21　ICMP 自动分配 IPv6 地址

主机接入网络后可以主动发送 RS 报文,网络上的路由器收到该 RS 报文后会立即向主机单播回应 RA 报文。

接口 ID 计算过程使用 EUI-64 标准,通过 MAC 地址计算得来。如图 10.22 所示,48b 的 MAC 地址在中间插入 16b 值 FFFE: 11111111 11111110,并将第 7 位的 0 改为 1,得到 64b 的接口 ID。

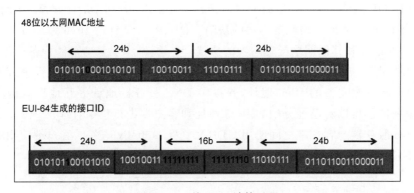

图 10.22 接口 ID 计算过程

IPv4 中,主机获得 IP 地址后通过免费 ARP 探测 IP 地址是否重复,IPv6 中使用无状态地址 DAD(Duplicate Address Detection,重复地址检测)检查 IPv6 地址是否冲突。如图 10.23 所示,主机 A 获得 IPv6 地址后,发送 ICMP,TYPE=135,向网络其他主机询问:谁在用 2000::1 这个地址,如果主机 B 使用了该地址,就会回复 ICMP,TYPE=136。

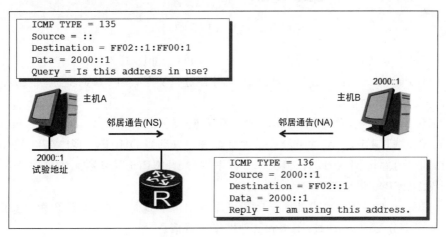

图 10.23 DAD 机制

接口 ID 除了手动配置、EUI-64 换算得到之外,另外还有一种是操作系统自动生成,例如 Windows 7 系统可以自动生成接口 ID。

本节介绍了 IPv6 的应用背景、报文格式、IPv6 地址分类以及地址的获得途径。

10.2 DHCPv6 原理

主机使用无状态地址自动配置方案来获取 IPv6 地址时,路由器并不记录主机的 IPv6 地址信息,可管理性差;另外,IPv6 主机无法获取 DNS 服务器地址等网络配置信息,在可用性上也存在一定的缺陷。

可以使用 DHCPv6(Dynamic Host Configuration Protocol for IPv6,IPv6 动态主机配置协议) 弥补无状态地址自动配置方案的缺陷。DHCPv6 是针对 IPv6 编址方案设计的、为主机分配 IPv6 地址和其他网络配置参数的协议。

DHCPv6 属于一种有状态地址自动配置协议。在有状态地址配置过程中,DHCPv6 服务器为主机分配一个完整的 IPv6 地址,并提供 DNS 服务器地址等其他配置信息。此外,DHCPv6 服务器还可以对已经分配的 IPv6 地址和客户端进行集中管理。

DHCPv6 服务器与客户端之间使用 UDP 来交互 DHCPv6 报文,客户端使用的 UDP 端口号是 546,服务器使用的 UDP 端口号是 547。如图 10.24 所示。

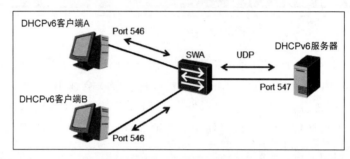

图 10.24　DHCPv6 端口号

DHCPv6 基本协议架构中,主要包括以下 3 种角色,如图 10.25 所示:

① DHCPv6 客户端:通过与 DHCPv6 服务器进行交互,获取 IPv6 地址/前缀和网络配置信息,完成自身的地址配置;

② DHCPv6 中继:负责转发来自客户端方向或服务器方向的 DHCPv6 报文,协助 DHCPv6 客户端和 DHCPv6 服务器完成地址配置。只有当 DHCPv6 客户端和 DHCPv6 服务器不在同一链路范围内,或者 DHCPv6 客户端和 DHCPv6 服务器无法单播交互的情况下,才需要 DHCPv6 中继的参与;

③ DHCPv6 服务器:负责处理来自客户端或中继的地址分配、地址续租、地址释放等请求,为客户端分配 IPv6 地址/前缀和其他网络配置信息。

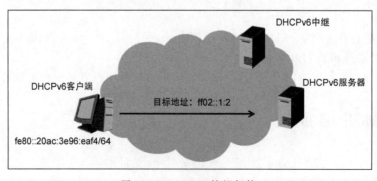

图 10.25　DHCP 协议架构

客户端发送 DHCPv6 请求报文来获取 IPv6 地址等网络配置参数,使用的源地址为客户端接口的链路本地地址,目的地址为 ff02::1:2。ff02::1:2 表示的是所有 DHCPv6 服务器和中继,这个地址是链路范围的。

DHCP 设备唯一标识符 DUID(DHCPv6 Unique Identifier)用来标识一台 DHCPv6 服务器或客户端,每个 DHCPv6 服务器或客户端有且只有一个 DUID,如图 10.26 所示。

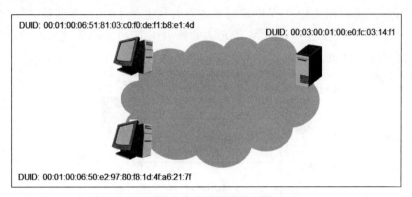

图 10.26 DHCP 设备唯一标识符 DUID

DUID 采用以下两种方式生成:

① 基于链路层地址(LL):即采用链路层地址方式来生成 DUID;

② 基于链路层地址与时间组合(LLT):即采用链路层地址和时间组合方式来生成 DUID。

DHCPv6 分配地址时又分为:

① DHCPv6 有状态自动分配:DHCPv6 服务器为客户端分配 IPv6 地址及其他网络配置参数(如 DNS、NIS、SNTP 服务器地址等);

② DHCPv6 无状态自动分配:IPv6 地址仍然通过路由通告方式自动生成,除 IPv6 地址以外的配置参数(如 DNS、NIS、SNTP 服务器等)由 DHCPv6 服务器分配。

DHCPv6 地址分配过程如图 10.27 所示。

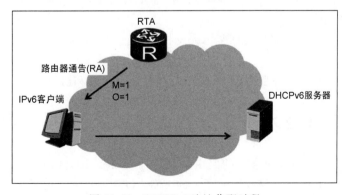

图 10.27 DHCPv6 地址分配过程

DHCPv6 客户端在向 DHCPv6 服务器发送请求报文之前,会发送 RS 报文,在同一链路范围的路由器接收到此报文后会回复 RA 报文。

在 RA 报文中包含管理地址配置标记(M)和有状态配置标记(O)。当 M 取值为 1 时,启用 DHCPv6 有状态地址配置,即 DHCPv6 客户端需要从 DHCPv6 服务器获取 IPv6 地址,取值为 0 则启用 IPv6 无状态地址自动分配方案。

当 O 取值为 1 时,用来定义客户端需要通过有状态的 DHCPv6 获取其他网络配置参数,如 DNS、NIS、SNTP 服务器地址等,取值为 0 则启用 IPv6 无状态地址自动分配方案。

DHCPv6 四步交互地址分配过程如图 10.28 所示。

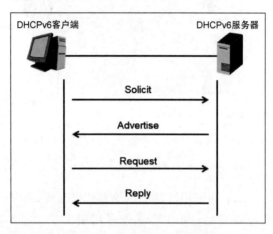

图 10.28 DHCPv6 交互过程

① DHCPv6 客户端发送 Solicit 报文,请求 DHCPv6 服务器为其分配 IPv6 地址和网络配置参数;

② DHCPv6 服务器回复 Advertise 报文,该报文中携带了为客户端分配的 IPv6 地址以及其他网络配置参数;

③ DHCPv6 客户端如果接收到了多个服务器回复的 Advertise 报文,则会根据 Advertise 报文中的服务器优先级等参数来选择优先级最高的一台服务器,并向所有的服务器发送 Request 组播报文;

④ 被选定的 DHCPv6 服务器回复 Reply 报文,确认将 IPv6 地址和网络配置参数分配给客户端使用。

本节介绍了 IPv6 地址分配协议 DHCPv6,包括相关概念和协议交互过程。

10.3 OSPFv3 技术简介

随着 IPv6 技术的普及,网络中的路由协议也需要支持 IPv6,IETF 在保留了 OSPFv2 优点的基础上针对 IPv6 网络修改形成了 OSPFv3。OSPFv3 主要用于在 IPv6 网络中提供路由功能,是 IPv6 网络中路由技术的主流协议。

10.3.1　OSPFv3 与 OSPFv2 的相同点

OSPFv3 的协议设计思路和工作机制与 OSPFv2 基本一致：

① 报文类型相同：包含 Hello、DD、LSR、LSU、LSAck 5 种类型的报文；

② 区域划分相同；

③ LSA 泛洪和同步机制相同：为了保证 LSDB 内容的正确性，需要保证 LSA 的可靠泛洪和同步；

④ 路由计算方法相同：采用最短路径优先算法计算路由；

⑤ 网络类型相同：支持广播、NBMA、P2MP 和 P2P 四种网络类型；

⑥ 邻居发现和邻接关系形成机制相同：OSPF 路由器启动后，便会通过 OSPF 接口向外发送 Hello 报文，收到 Hello 报文的 OSPF 路由器会检查报文中所定义的参数，如果双方一致就会形成邻居关系。形成邻居关系的双方不一定都能形成邻接关系，这要根据网络类型而定，只有当双方成功交换 DD 报文，交换 LSA 并达到 LSDB 的同步之后，才形成真正意义上的邻接关系；

⑦ DR 选取机制相同：在 NBMA 和广播网络中需要选取 DR 和 BDR。

10.3.2　OSPFv3 与 OSPFv2 的不同点

为了支持在 IPv6 环境中运行，指导 IPv6 报文的转发，OSPFv3 对 OSPFv2 做出了一些必要的改进，使得 OSPFv3 可以独立于网络层协议，而且只要稍加扩展，就可以适应各种协议，为未来可能的扩展预留了充分的空间。

OSPFv3 与 OSPFv2 不同主要表现在：

① 基于链路的运行；

② 使用链路本地地址；

③ 链路支持多实例复用；

④ 通过 Router ID 唯一标识邻居；

⑤ 认证的变化；

⑥ Stub 区域的支持；

⑦ 报文的不同；

⑧ Option 字段的不同；

⑨ LSA 的异同。

基于链路的运行

OSPFv2 是基于网络运行的，两个路由器要形成邻居关系必须在同一个网段。

OSPFv3 的实现是基于链路的，一个链路可以划分为多个子网，节点即使不在同一个子网内，只要在同一链路上就可以直接通话。

使用链路本地地址

OSPFv3 的路由器使用链路本地地址作为发送报文的源地址。一个路由器可以获取到这个链路上相连的所有其他路由器的链路本地地址,并使用这些链路本地地址作为下一跳来转发报文。但是在虚连接上,必须使用全球范围地址或者站点本地地址作为 OSPFv3 协议报文的源地址。

由于链路本地地址只在本链路上有意义且只能在本链路上泛洪,因此链路本地地址只能出现在 Link LSA 中。

链路支持多实例复用

OSPFv3 支持在同一链路上运行多个实例,实现链路复用并节约成本,如图 10.29 所示。

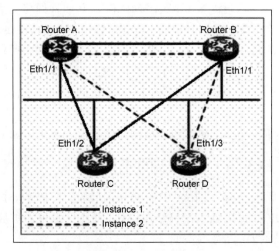

图 10.29　链路多实例

Router A、Router B、Router C 和 Router D 连接到同一个广播网上,它们共享同一条链路且都能建立邻居关系,通过在 Router A 的 Eth1/1、Router B 的 Eth1/1、Router C 的 Eth1/2 上指定实例 1,在 Router A 的 Eth1/1、Router B 的 Eth1/1、Router D 的 Eth1/3 上指定实例 2,实现了 Router A、Router B 和 Router C 之间的邻居关系,以及 Router A、Router B 和 Router D 之间的邻居关系。

这是通过在 OSPFv3 报文头中添加 Instance ID 字段实现的。如果接口配置的 Instance ID 与接收的 OSPF v3 报文的 Instance ID 不匹配,则丢弃该报文,从而无法建立起邻居关系。

通过 Router ID 唯一标识邻居

在 OSPFv2 中,当网络类型为点到点或者通过虚连接与邻居相连时,邻居路由器通过 Router ID 标识,当网络类型为广播或 NBMA 时,邻居路由器通过邻居接口的 IP 地址标识。

OSPFv3 消除了这种复杂性,无论对于何种网络类型,都是通过 Router ID 唯一标识邻居。

认证的变化

OSPFv3 协议自身不再提供认证功能,而是通过使用 IPv6 提供的安全机制来保证自身报文的合法性。所以,OSPFv2 报文中的认证字段,在 OSPFv3 报文头中被取消。

Stub 区域的支持

由于 OSPFv3 支持对未知类型 LSA 的泛洪,为防止大量未知类型 LSA 泛洪进入 Stub 区域,OSPFv3 对于向 Stub 区域泛洪的未知类型 LSA 进行了明确规定:只有当未知类型 LSA 的泛洪范围是区域或链路而且 U 比特没有置位时,未知类型 LSA 才可以向 Stub 区域泛洪。

报文的不同

OSPFv3 报文封装在 IPv6 报文中,每一种类型的报文都是以一个 16B 的报文头部开始。

与 OSPFv2 一样,OSPFv3 的五种报文都有同样的报文头,只是报文中的字段有些不同。

OSPFv3 的 LSU 和 LSAck 报文与 OSPFv2 相比没有什么变化,但 OSPFv3 的报文头、Hello、DD 以及 LSR 报文中的字段与 OSPFv2 略有不同,报文的改变包括以下几点:

① 版本号从 2 升级到 3;

② 报文头的不同:与 OSPFv2 报文头相比,OSPFv3 报文头长度只有 16B,去掉了认证字段,但加了 Instance ID 字段。Instance ID 字段用来支持在同一条链路上运行多个实例,且只在链路本地范围内有效. 如果路由器接收到的 Hello 报文的 Instance ID 与当前接口配置的 Instance ID 不同,将无法建立邻居关系;

③ Hello 报文的不同:与 OSPFv2 Hello 报文相比,OSPFv3 Hello 报文去掉了网络掩码字段,增加了接口 ID 字段,用来标识发送该 Hello 报文的接口。

Option 字段的不同

在 OSPFv2 中,Option 字段出现在每一个 Hello 报文、DD 报文以及每一个 LSA 中。

在 OSPFv3 中,Option 字段只在 Hello 报文、DD 报文、Router LSA、Network LSA、Inter Area Router LSA 以及 Link LSA 中出现。

OSPFv2 的 Option 字段如图 10.30 所示。

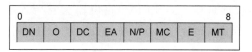

图 10.30　OSPFv2 的 Option 字段

OSPFv3 的 Option 字段如图 10.31 所示。

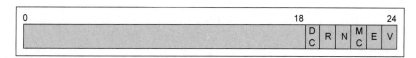

图 10.31　OSPFv3 的 Option 字段

从上面的图可以看出,与 OSPFv2 相比,OSPFv3 的 Option 字段增加了 R 比特、V 比特。其中:

R 比特：用来标识设备是否是具备转发能力的路由器。如果 R 比特置 0,宣告该节点的路由信息将不会参加路由计算,如果当前设备不想转发非本地地址的报文,可以将 R 比特置 0。

V 比特：如果 V 比特置 0,该路由器或链路也不会参加路由计算。

LSA 的异同

1. OSPFv3 LSA 的类型

OSPFv3 有 7 种类型的 LSA,其中 2 种为新增类型。对已有的 5 种类型,OSPFv3 与 OSPFv2 LSA 的异同点如图 10.32 所示。

OSPFv2 LSA	OSPFv3 LSA	与OSPFv2 LSA异同点说明
Router LSA	Router LSA	名称相同，作用也类似，但是不再描述地址信息，仅用来描述路由域的拓扑结构
Network LSA	Network LSA	
Network Summary LSA	Inter Area Prefix LSA	作用类似，名称不同
ASBR Summary LSA	Inter Area Router LSA	
AS External LSA	AS External LSA	作用与名称完全相同

图 10.32 OSPFv3 LSA 与 OSPFv2 LSA 的异同点

2. 新增两种类型 LSA

OSPFv3 新增了 Link LSA 和 Intra Area Prefix LSA。

Router LSA 不再包含地址信息,OSPFv3 路由器为它所连接的每条链路产生单独的 Link LSA,将当前接口的链路本地地址以及路由器在这条链路上的一系列 IPv6 地址信息向该链路上的所有其他路由器通告。

Router LSA 和 Network LSA 中不再包含路由信息,这两类 LSA 中所携带的路由信息由 Intra Area Prefix LSA 描述,该类 LSA 用来公告一个或多个 IPv6 地址前缀。

3. 扩大了 LSA 的泛洪范围

LSA 的泛洪范围已经被明确地定义在 LSA 的 LS Type 字段,目前,有 3 种 LSA 泛洪范围：

① 链路本地范围：LSA 只在本地链路上泛洪,不会超出这个范围,该范围适用于新定义的 Link LSA；

② 区域范围：LSA 的泛洪范围仅覆盖一个单独的 OSPFv3 区域。Router LSA、Network LSA、Inter Area Prefix LSA、Inter Area Router LSA 和 Intra Area Prefix LSA 都

是区域范围泛洪的 LSA；

③ 自治系统范围：LSA 将被泛洪到整个路由域，AS External LSA 就是自治系统范围泛洪的 LSA。

4. 支持对未知类型 LSA 的处理

在 OSPFv2 中，收到类型未知的 LSA 将直接丢弃。

OSPFv3 在 LSA 的 LS Type 字段中增加了一个 U 比特位来位标识对未知类型 LSA 的处理方式：

① 如果 U 比特置 1，则对于未知类型的 LSA 按照 LSA 中的 LS Type 字段描述的泛洪范围进行泛洪；

② 如果 U 比特置 0，对于未知类型的 LSA 仅在链路范围内泛洪。

本节介绍了 OSPFv3 和 OSPFv2 的不同点。

第 11 章

MPLS 与 SR

本章介绍 HCIA 2.5 版本新增的两个内容,分别是 MPLS 技术和 SR 技术。

11.1 MPLS 原理

传统 IP 网络使用 5 层结构,分别是物理层、链路层(以太网)、网络层(IP)、传输层(UDP/TCP)、应用层。其中网络层的报文转发是路由器通过查找路由表来进行的,这种方式存在一定的缺陷,MPLS 就是针对这些缺陷而产生的。

11.1.1 传统 IP 网络的缺陷

缺陷 1:查表效率低

如图 11.1 所示,从左边 10.1.0.0/24 网络发往右边 10.2.0.0/24 网络的报文,到达 SWA 后,SWA 需要逐条匹配路由条目,第一条 0.0.0.0/0 是默认路由,可以匹配,但是 SWA 不能直接使用 0.0.0.0/0 这条路由,它还需要继续往下匹配,直至找到最长匹配,最后使用的是 10.2.0.0/24 这个路由条目。

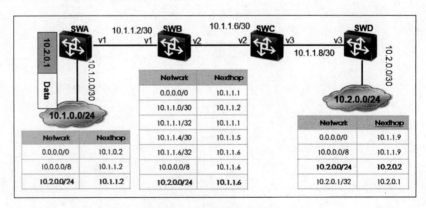

图 11.1　IP 报文转发过程

路径上的每一个设备都要像 SWA 一样,每个报文都匹配一遍路由表,效率比较低。

缺陷2:流量控制困难

如图 11.2 所示,网络 A 和网络 B 去往网络 C 的流量,到达 SWB,经查路由表后,走路径 SWB-SWC-SWD,因为这条路径跳数更少,带宽更大,所以所有流量都走上面路径,见图中的流量 1、流量 2。下面路径 SWB-SWG-SWH-SWD 完全空闲不用,造成资源浪费。

虽然也可以通过策略路由控制流量走下面路径,但是需要对具体流量进行控制,不灵活。

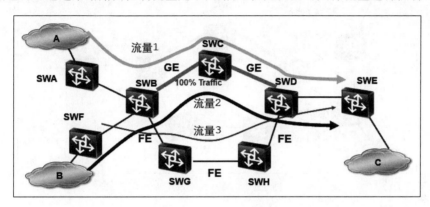

图 11.2　流量控制问题

11.1.2　MPLS 的优点

为了解决传统 IP 网络的缺陷,后来发展出 MPLS(Multi-Protocol Label Switch,多协议标签交换)技术。

如图 11.3 所示,MPLS 头处在 IP 报头前面,每个网络设备有一个标签转发表,见图中 SWB 下方的标签表,标签转发表包括入端口、入标签以及对应的出端口、出标签。例如 SWB 从 G0/0/1 收到一个带 1024 标签的报文,对应的出端口是 G0/0/2、出标签是 1029。

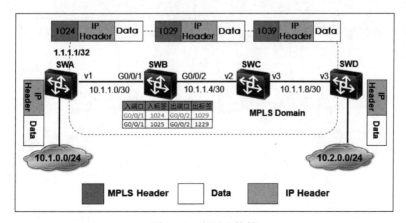

图 11.3　MPLS 协议

和查路由表相比,查标签表有个最大的优点就是唯一匹配,大大提高了转发效率。

MPLS RSVP-TE 技术可以自动分配流量到各个路径,不需要手动指定具体流量的转发路径。如图 11.4 所示,网络 A、B 去往网络 C 的流量,70%走上面路径,30%走下面路径,这个比例可以调整。

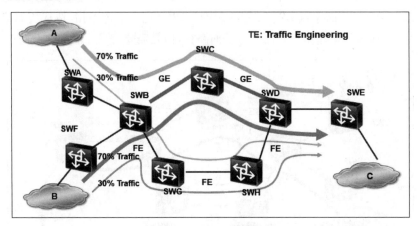

图 11.4　MPLS 流量工程

早期的路由器查路由表是瓶颈,虽然后期的路由器查表用硬件实现,不再成为瓶颈,但是 MPLS 技术在实际网络中还是被广泛应用,用得最多的就是 MPLS VPN。

如图 11.5 所示,中间虚线框内是运营商网络,里面的设备都运行 MPLS 协议,因此虚线框内也称 MPLS 域。P 是运营商内部设备,PE 是运营商和用户对接的设备,CE 是用户和运营商对接的设备。VPNA 有 4 个分部,处在不同城市,运营商网络将这 4 个分支连接在一起,提供 VPN 服务,用户使用的时候感觉处在同一个局域网内。

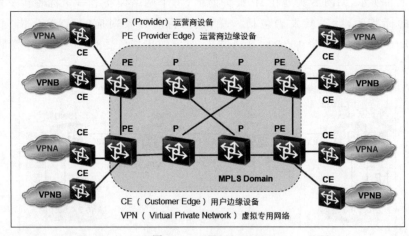

图 11.5　MPLS VPN

以太网头部的 VLAN 带有优先级标签,IP 头部里面有优先级标签,MPLS 协议也有优先级标签,用来指导报文在网络中转发的时候提供不同服务。

如图 11.6 所示,可以将 IP 头部的优先级映射到 MPLS 优先级,转发过程中根据 MPLS 头部的优先级进行调度。

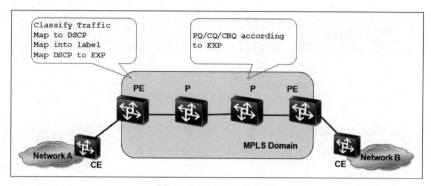

图 11.6　MPLS 优先级

相比传统 IP 网络,MPLS 有以下三个优势:

① 更高的查表效率;

② 更好地控制网络流量路径;

③ 更好地提供 VPN 服务。

同时还可以和传统 IP 网络一样提供优先级标识。

11.1.3　MPLS 的原理

MPLS 标签处在以太网头部和 IP 头部中间,如图 11.7 所示,以太网帧头的 Type 取值 0x8847 表示里面带 MPLS 标签。MPLS 标签长度 4B,32b。

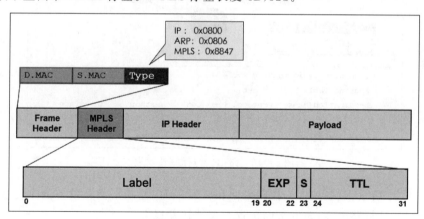

图 11.7　MPLS 帧结构

Label:长度 20b;

EXP:3b,MPLS 优先级;

S:1b,栈底标识;

TTL:8b,与 IP 头部的 TTL 一样,用来防止网络环路。

MPLS 应用中经常嵌套标签,例如 MPLS VPN 需要用到 2 层标签,有些场景还需要 3 层标签,如图 11.8 所示,使用 S 标志位标识栈底,S=0 表示非栈底,S=1 表示栈底。

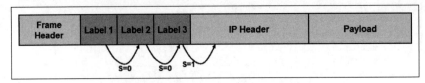

图 11.8   MPLS 标签嵌套

MPLS 协议根据标签转发表进行报文转发,如图 11.9 所示,每个运行 MPLS 协议的设备都有标签转发表,同时还有路由表。

入端口	入标签	出端口	出标签
G0/0/1	1024	G0/0/2	1029
G0/0/1	1025	G0/0/2	1229

图 11.9   标签转发表

路由表根据最短路径树计算得来,总是选择最优路径转发报文;MPLS 使用标签来指导报文转发。不论是采用路由表转发报文,还是用标签转发报文,走的路径是一致的。

如图 11.10 所示,RTA 收到一个去往 10.0.0.0/24 网段的报文,根据路由表应该从 G0/0/1 转发出去,根据标签转发表也是从 G0/0/1 转发出去。实际上标签转发表是在路由表基础上计算得来的。

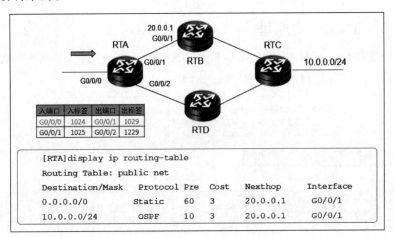

图 11.10   路由表与标签转发表

如图 11.11 所示,设备里面分控制平面和转发平面,控制平面在设备的主控板上,负责运行路由协议、计算路由表,转发平面负责查表并转发报文。

路由表通过路由协议(如 OSPF)计算得来,标签转发表通过标签分发协议(如 LDP)得来,同时标签分发协议在分发标签的时候要依据路由表,从而保证选择最优路径。

如图 11.12 所示,设备里面有标签转发表和路由表,收到不带标签的报文时首先查找 NHLFE 表,以报文携带的 IP 目标网段作为索引,例如查找 10.2.0.0。如果 NHLFE 查找失败,接着查找 IP 路由表。

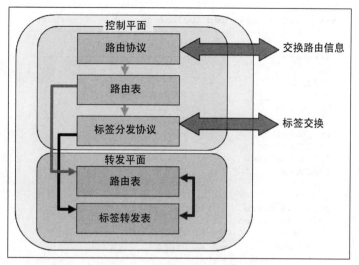

图 11.11 控制平面和转发平面

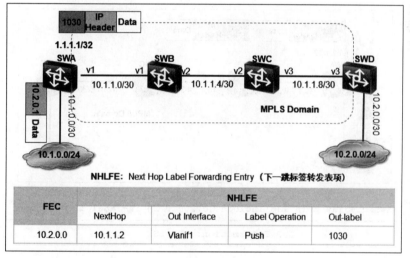

图 11.12 新增 MPLS 标签

10.2.0.0 也称为 FEC(Forwarding Equivalence Classes,转发等价类),图中 SWA 收到一个去往 10.2.0.1 的报文,该报文不带标签。首先在 NHLFE 表里查找 10.2.0.0,命中了一个条目,对应的标签操作是 push,表示新增标签头,出标签是 1030,因此 SWA 会在 IP 头前面添加一个 MPLS 标签,标签号是 1030。

在 SWA 上可以通过命令查询 NHLFE 表的相关信息,如图 11.13 所示。

如果收到带 MPLS 标签的报文,直接查 ILM(Incoming Label Map,入标签映射)表,如图 11.14 所示,SWB 收到一个带标签 1030 的报文,直接查找 ILM 表,通过 ILM 表得知下一跳是 10.1.1.6,出去的报文带 VLAN2,转发出去的报文标签值是 1050,标签操作是 SWAP,表示标签切换。

```
<SWA>display  mpls lsp include 10.2.0.0 24 verbose
------------------------------------------------------
                 LSP Information: LDP LSP
------------------------------------------------------
  No                    :  1
  VrfIndex              :
  Fec                   :  10.2.0.0/24
  Nexthop               :  10.1.1.2
  In-Label              :  NULL
  Out-Label             :  1030
  In-Interface          :  ----------
  Out-Interface         :  Vlanif1
  LspIndex              :  10249
  Token                 :  0x22005
  LsrType               :  Ingress
  Outgoing token        :  0x0
  Label Operation       :  PUSH
  Mpls-Mtu              :  1500
  TimeStamp             :  822sec
```

图 11.13　NHLFE 表

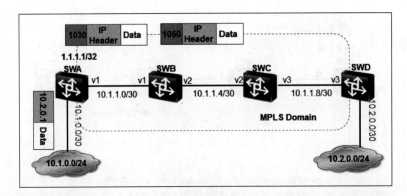

```
<SWB>display mpls lsp include 10.2.0.0 24 in-label 1030 verbose
------------------------------------------------------------------
                  LSP Information: LDP LSP
------------------------------------------------------------------
  No                    :  1
  VrfIndex              :
  Fec                   :  10.2.0.0/24
  Nexthop               :  10.1.1.6
  In-Label              :  1030
  Out-Label             :  1050
  In-Interface          :  ----------
  Out-Interface         :  Vlanif2
  LspIndex              :  10256
  Token                 :  0x2200c
  LsrType               :  Transit
  Outgoing token        :  0x0
  Label Operation       :  SWAP
  Mpls-Mtu              :  1500
  TimeStamp             :  11100sec
```

图 11.14　切换 MPLS 标签

最终报文还要剥去 MPLS 标签,才能送给主机或者服务器,如图 11.15 所示,SWD 将报文发往 10.2.0.0 网段前要剥去 MPLS 标签,还原成普通的 IP 报文。

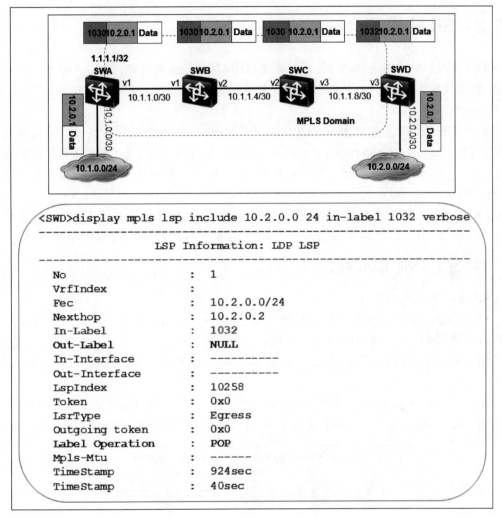

图 11.15　弹出 MPLS 标签

SWD 收到一个带标签 1032 的报文,查找 ILM 表,得知下一跳时 10.2.0.2,出标签是 NULL,标签操作是 POP,表示弹出 MPLS 标签,因此 SWD 会剥掉标签,然后转发报文。

11.1.4　小结

传统 IP 网络查表效率低,网络流量难以控制,MPLS 技术可以弥补传统 IP 网络的缺陷,同时还可以实现 VPN 功能。

MPLS 标签处在以太网头和 IP 头之间,可以多层嵌套,标签内有优先级、TTL 信息。

MPLS 路由器根据标签转发表来转发报文,标签转发表根据路由表计算得来,和路由表是相同的路径。

11.2　SR 技术简介

　　MPLS 在广域网等场景已经得到了大量应用,有优势也有劣势。MPLS 基于标签转发报文,转发效率非常优秀,但是 MPLS 的控制平面却有不少问题,例如协议复杂、扩展性差、部署和运维困难等。

　　MPLS 控制面的主要技术是 LDP(Label Distribution Protocol,标签分发协议),以及 RSVP-TE(Resource Reservation Protocol - Traffic Engineering,基于流量工程扩展的资源预留协议)。LDP 不支持流量工程,RSVP-TE 支持流量工程但是非常复杂,每个节点需要维护全网链路状态信息,实际应用不多。

　　SR(Segment Routing)技术也称分段路由技术,基于 MPLS,而优于 MPLS。报文转发也是基于标签,但是不用 LDP 来分配标签,也不需要 RSVP-TE 协议复杂的信令机制。

11.2.1　SR 基本概念

　　SR 域:SR 节点的集合。

　　SID:Segment ID,和 MPLS 的标签类似,也是一个数值,而且实际报文中也是一个 MPLS 标签。SID 有 3 种,如图 11.16 所示:

　　第 1 种:Prefix Segment,前缀 Segment,表示一个网段,例如 10.1.1.0/24 用 16001 表示;

　　第 2 种:Node Segment,节点 Segment,表示一个节点,例如用 101 表示一个节点;

　　第 3 种:Adjacency Segment,表示一条链路,例如 1001 表示路由器 R1 的左边链路。

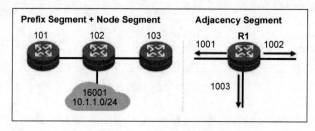

图 11.16　SID 的 3 种类型

　　3 种不同的 SID 通过扩展的 IGP(例如 OSPF、ISIS)在网络内泛洪,所有 SR 域内的路由器都获取这些 SID。如图 11.17 所示,Prefix SID,Node SID 通常情况下必须全网唯一,有些特殊情况下不同设备也可以取相同值,形成等价路由。

　　SRGB:SR Global Block,SR 全局块,为全局 SR 预留的本地标签集合,生成的 Segment 需在 SRGB 范围内。SRGB 可以配置,通常情况下每个设备的 SRGB 都一致,也可以不一致。

分类	作用	使用范围
Prefix SID	为网络中目的地址前缀分配的标签	全局有效
Node SID	分网络设备分配的标签(类似Loopback口)	全局有效
Adjacency SID	为节点邻接的IP网段分配的标签	本地有效

图 11.17　不同类型 SID 的有效范围

如图 11.18 所示,路由器 D 的环回地址 x. x. x. x 分配的 Prefix ID 是 100,每个路由器的 SRGB 范围都是 16 000～65 535,此时 A 转发报文给 B 时,使用的实际 Prefix ID 是 16 100,计算公式是：SRGB 最低值＋ID＝16 000＋100＝16 100。

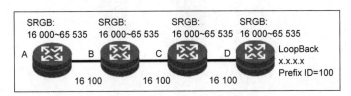

图 11.18　SRGB 的用途

11.2.2　SR 工作原理

传统网络中,每个路由器收到报文后根据目标 IP 查找路由表得到下一跳,或者根据标签查标签表得到出接口和出标签。每个路由器单独决定转发路径,在实际应用中精确控制转发路径比较困难,配置复杂。

SR 技术中,转发路径在源节点先计算好,然后将路径信息封装到报文里面,后续节点收到报文后,根据报文里的标签信息进行转发,可以精确控制转发路径。

如图 11.19 所示,节点 A 有个报文去往节点 Z,在节点 A 处先计算好报文转发路径,见图中箭头标识的路径。前面介绍过 Adjacency Segment 可以标识一条链路,例如节点 A 和 B 之间的链路用 SID 102 标识,102 实际上就是一个 MPLS 标签。

节点 A 将路径上的所有链路依次封装到报文头部的标签里,每个节点收到报文后,根据外层标签的指示选择链路发送出去,发送前弹出最外层标签,最终报文按照指定路径到达节点 Z。

实际应用中 SR 可以和 SDN 技术相结合,由 SDN 的控制器计算转发路径。路径计算过程如图 11.20 所示：

① 配置扩展 IGP,通告各自的 SID、SRGB 等信息；

② 上报拓扑、标签、链路状态信息给控制器；

③ 控制器计算转发路径；

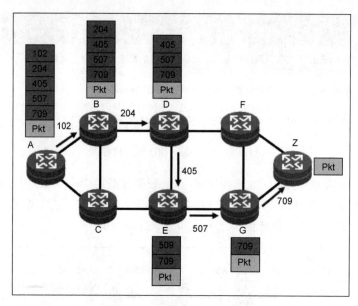

图 11.19　SR 转发基本原理

④ 下发转发路径到节点上；

⑤ 节点根据控制器下发的信息封装路径。

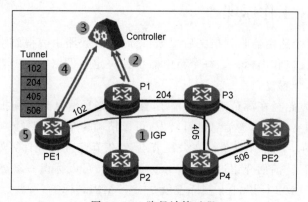

图 11.20　路径计算过程

转发路径里面封装的 SID 可以是 Adjacency Segment，也可以是 Node Segment，还可以是 Node Segment＋Adjacency Segment。

如图 11.21 所示，节点 A 有个报文去往节点 Z，封装的路径标签是 101、405、100，其中 101 是节点 D 的 Node SID，405 是节点 D 和 E 之间的链路 SID，100 是节点 Z 的 Node SID。

节点 A 去往节点 D 的路径没有明确标识，路径上的各个节点会按照 IGP 的最短路径进行转发。

SR 技术和 MPLS 技术有共同点，也有不同点，共同点如图 11.22 所示：

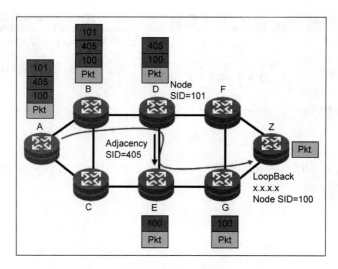

图 11.21 混合标签

① SR Header：标签头，里面是一连串的标签，标识路径；

② Active Segment：活动标签，指最外层标签，当前节点只会处理最外层标签；

③ PUSH Operation：添加标签；

④ NEXT Operation：弹出标签；

⑤ CONTINUE Operation：切换标签。

SR	MPLS
SR Header	Label Stack
Active Segment	Topmost Label
PUSH Operation	Label push
NEXT Operation	Label PoP
CONTINUE Operation	Label Swap

图 11.22 SR 和 MPLS 的共同点

SR 和 MPLS 也有不同的地方，如图 11.23 所示：

① MPLS 需要 LDP、RSVP-TE 协议来协助实现标签分发和流量工程，SR 用扩展 IGP 就行；

② MPLS 中，每个隧道都需要使用不同的标签，标签量会不断增长，SR 与隧道数量无关；

③ MPLS 中，控制路径很困难，SR 中控制路径非常简单。

特性	Segment Routing	MPLS
控制协议	IGP	LDP/RSVP-TE/BGP/IGP
标签分配	每个邻接/节点分配一个标签标签数和隧道数量无关，资源占用少	标签数随隧道数量增长，资源占用多
路径调整和控制	头节点重计算即可完成调整	需逐节点下发配置进行调整

图 11.23　SR 和 MPLS 的不同点

　　SR 技术继承了 MPLS 技术的优点，同时剔除了 MPLS 的缺点，转发效率高、控制简单，是未来网络发展的方向。